Jessika Kosmala

Abi last minute Chemie

Schnell auffrischen, was wichtig ist

Klett Lerntraining

Jessika Kosmala ist Gymnasiallehrerin für die Fächer Chemie und Biologie in Bayern und ist als Oberstufenkoordinatorin tätig.

Illustrationen: Dr. Martin Lay, Breisach: S. 11, 48, 64, 65, 66, 67, 76, 106, 121, 124;
Klett-Archiv: S. 49, 61, 68

Bibliografische Information der Deutschen Bibliothek
Die Deutsche Bibliothek verzeichnet diese Publikation in der Deutschen Nationalbibliografie; detaillierte bibliografische Daten sind im Internet über http://dnb.dnb.de abrufbar.

1. Auflage 2016
Dieses Werk folgt der neuesten Rechtschreibung und Zeichensetzung.

www.klett-lerntraining.de
Teamleitung Lernhilfen Sekundarstufe II: Christine Sämann
Konzeption: Sandra Meyer
Redaktion: Dr. Robert Strobel, Bad Liebenzell
Projektsteuerung: Dr. Andreas Cyffka
Innenlayout: Annette Siegel, Stuttgart
Umschlaggestaltung: Sabine Kaufmann, Stuttgart
Umschlagfoto: Thinkstock, München (Ablestock.com)
Satz: DTP-studio Andrea Eckhardt, Göppingen
Druck: Medienhaus Plump GmbH, Rheinbreitbach
Printed in Germany.

ISBN 978-3-12-949321-2

Organische Sauerstoffverbindungen

1 Alkohole

2 Carbonylverbindungen

3 Carbonsäuren

4 Ester und Ether

Aromatische Verbindungen

1 Benzol

2 Reaktionen des Benzols

Naturstoffe – Biochemie

1 Kohlenhydrate – Monosaccharide

2 Disaccharide

3 Polysaccharide

4 Lipide, Seifen, Tenside

5 Aminosäuren

Liebe Schülerin, lieber Schüler,

sicherlich kennen Sie diese Situation: Es ist kurz vor der Klausur und die Zeit wird knapp. Sie schreiben sogar mehrere Klausuren innerhalb weniger Tage und können unmöglich nochmals Ihre kompletten Mitschriften oder das Schulbuch durcharbeiten. Vielleicht stellen Sie auch fest, dass die Mitschriften Lücken haben – und das ist so ziemlich das Letzte, was Sie *last minute* gebrauchen können!

Keine Sorge, mit *Abi last minute – Chemie* sind Sie auf der sicheren Seite:

- In **150 prüfungsrelevanten Begriffen** wiederholen Sie kurz und knapp, was Sie in der Klausur bzw. der Abiturprüfung wissen müssen. 150 Lernbegriffe = 150 gut gepackte Wissenspakete für Ihren Weg zum Abitur.

- Die Begriffe sind thematisch zusammengefasst, sodass Sie ganz gezielt das Thema in Angriff nehmen können, das in der Klausur abgefragt wird.

- Vor dem Abitur können Sie natürlich das ganze Buch durcharbeiten und so optimal vorbereitet in die Prüfung gehen.

Abi last minute – kurz und knapp für kurz vor knapp!

Eine erfolgreiche Oberstufenzeit
und alles Gute für die Abiturprüfung
wünscht Ihnen

Ihre Redaktion Klett Lerntraining

Energieformen

- Die Beteiligung von Energie ist Kennzeichen chemischer Reaktionen. Sie kann bei einer Reaktion freigesetzt werden (exotherme Reaktion) oder muss aufgewendet werden (endotherme Reaktion).

- Energie kann in verschiedenen Formen an einer Reaktion beteiligt sein:
  - Energieform **Licht**, z. B. das helle Licht beim Verbrennen von Magnesiumband (exotherm) oder das Licht, dass zur Fotosynthese benötigt wird (endotherm)
  - Energieform **elektrische Energie**: Batterien setzen elektrische Energie frei (exotherm), während man für die Elektrolyse elektrische Energie aufwenden muss (endotherm).
  - Energieform **Volumenarbeit**, z. B. die Explosion des Benzin-Luft-Gemisches im Motor (exotherm), die den Kolben bewegt
  - Energieform **Wärme** (thermische Energie): Jede Verbrennung ist ein Beispiel für die Freisetzung von Wärme (exotherm), wogegen bei der Thermolyse von Quecksilberoxid Wärmeenergie aufgewendet werden muss (endotherm).
  - Energieform **innere Energie**: Energie, die in chemischen Verbindungen gespeichert ist. Bei der Reaktion der Edukte zu den Produkten, die sich in der inneren Energie unterscheiden, wird die Differenz aus der Umgebung aufgenommen (endotherm) oder abgegeben (exotherm).

Energieumwandlungen – Reaktionswärme

- Energie kann weder erzeugt noch vernichtet werden. Die Energieformen werden nur ineinander **umgewandelt**.

- Bei einer exothermen chemischen Reaktion wird die Änderung der inneren Energie durch Umwandlung in Wärme an die Umgebung abgegeben. Führt man die Reaktion in einem Kalorimeter durch, kann man dies nutzen, um die **Reaktionsenergie** zu bestimmen.

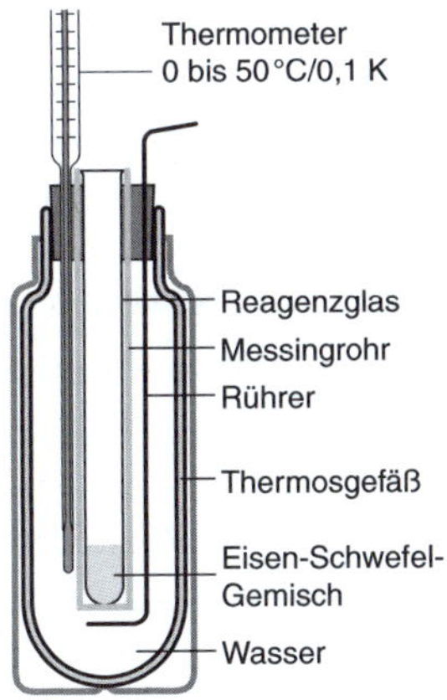

Kalorimeter

- Das **Kalorimeter** ist gut isoliert und enthält eine definierte Menge Wasser.

- Um 1 Gramm Wasser um 1 Kelvin zu erwärmen, benötigt man die Wärmemenge Q = 4,19 Joule. Deshalb kann man aus der Temperaturerhöhung des Wassers auf die Energie der Reaktion schließen und diese wiederum auf ein Mol Stoffumsatz hochrechnen.

- **Beispiel**: Bei der Verbrennung mit Luft erwärmen 0,3 g Holzkohle 500 g Wasser um 4,3 Kelvin (°C):

$$Q = \frac{4{,}19\,\text{J}}{\text{g} \cdot \text{K}} \cdot 500\,\text{g} \cdot 4{,}3\,\text{K} = 9008{,}5\ \text{Joule.}$$

Bei der Verbrennung von 0,3 g Holzkohle werden also 9008,5 Joule frei. 0,3 g Kohlenstoff entsprechen der Stoffmenge von 0,025 mol. Die Reaktionswärme bei 1 mol Kohlenstoff beträgt also:

$$\Delta H_R = \frac{-9008{,}5\ \text{Joule}}{0{,}025\,\text{mol}} = -360\,340\,\frac{\text{Joule}}{\text{mol}} = -360{,}34\,\frac{\text{kJ}}{\text{mol}}.$$

Enthalpie ΔH

- Die Reaktionsenthalpie ist die **Reaktionswärme** einer Reaktion bei konstantem Druck p.
- Sie ist die Summe aus der Änderung der inneren Energie ΔU und der Volumenarbeit $p \cdot \Delta V$: $\Delta H = \Delta U + p\Delta V$.
- Sie entspricht der Wärmeabgabe oder Wärmezufuhr ΔQ, die man mit einem Kalorimeter bestimmen kann.
- **Exotherme Reaktionen**
  - geben Wärme an die Umgebung ab;
  - ΔH ist kleiner Null (negatives Vorzeichen).
- **Endotherme Reaktionen**
  - nehmen Wärme aus der Umgebung auf;
  - ΔH ist größer Null.
- Berechnung der **molaren Reaktionsenthalpie** aus den molaren Standardbildungsenthalpien ΔH_f^0
  - $\Delta H_{Reaktion} = -\Delta H^0_{f\,(Edukte)} + \Delta H^0_{f\,(Produkte)}$
  - oder $\Delta H_{Reaktion} = \Delta H^0_{f\,(Produkte)} - \Delta H^0_{f\,(Edukte)}$

Entropie *S*

- Die Entropie ist eine der treibenden Kräfte beim Ablauf **spontaner** Reaktionen.
- Entropie ist eine Energieform.
- **Entropiezunahme** bedeutet die Zunahme der Unordnung eines Systems.
- Unordnung oder Entropie nimmt mit verschiedenen Faktoren zu:
  - wenn die Anzahl der Teilchen zunimmt,
  - wenn feste Stoffe flüssig und flüssige Stoffe gasförmig werden,
  - wenn sich Teilchen durch Lösen in einem Lösungsmittel freier bewegen können,
  - wenn sich Teilchen regellos verteilen und sich so Temperaturunterschiede und Konzentrationsunterschiede ausgleichen,
  - wenn die Temperatur zunimmt und sich deshalb Teilchen schneller bewegen.
- Entropie kann so großen Einfluss haben, dass auch endotherme Reaktionen spontan, also freiwillig ablaufen.
- Die Entropie nimmt im Universum ständig zu.

Freie Enthalpie ΔG

- Die freie Enthalpie ΔG setzt sich zusammen aus Enthalpie und Entropie.

- $\Delta G < 0$: Die Reaktion ist spontan/freiwillig ablaufend, exergonisch.

- $\Delta G > 0$: Reaktion muss angetrieben werden, sie ist endergonisch.

- Man berechnet die freie Enthalpie aus Enthalpie und Entropie durch die Gleichung von Gibbs-Helmholtz: $\Delta G = \Delta H - T \cdot \Delta S$ (T: Temperatur).

- Vier Fälle werden unterschieden:
  - $\Delta H < 0, \Delta S > 0$: Die Reaktion ist bei jeder Temperatur exergonisch und spontan (z. B. Explosionen mit Wärmeabgabe und Zunahme der gasförmigen Teilchen).
  - $\Delta H > 0, \Delta S < 0$: Die Reaktion ist immer endergonisch (z. B. die Photosynthese, bei der aus vielen CO_2- und Wasserteilchen die hochgeordnete und energiereiche Glucose gebildet wird).
  - $\Delta H > 0, \Delta S > 0$: Die Reaktion ist exergonisch, wenn

    $\Delta H - T \cdot \Delta S < 0 \longrightarrow \Delta H < T \cdot \Delta S \longrightarrow T > \frac{\Delta H}{\Delta S}$,

    wenn also die Temperatur einen bestimmten Wert übersteigt (Eis schmilzt erst ab 0 °C bzw. 273 K).
  - $\Delta H < 0, \Delta S < 0$
    $\Delta H - T \cdot \Delta S < 0 \longrightarrow \Delta H < T \cdot \Delta S \longrightarrow T < \frac{\Delta H}{\Delta S}$
    (Gefrieren von Eis unter 0 °C)

Geschwindigkeit einer Reaktion bestimmen

- Die Geschwindigkeit v einer Reaktion ist definiert als das Verschwinden der Edukte pro Zeiteinheit bzw. das Entstehen der Produkte pro Zeiteinheit Δt.

- Für $A + B \longrightarrow C + D$ gilt

$$v = -\frac{\Delta c(A)}{\Delta t} = -\frac{\Delta c(B)}{\Delta t} = \frac{\Delta c(C)}{\Delta t} = \frac{\Delta c(D)}{\Delta t},$$

Δc: Unterschied der Konzentration in $\frac{\text{mol}}{\text{l}}$.

- Es gibt verschiedene **Möglichkeiten der Bestimmung** der Reaktionsgeschwindigkeit, z. B.
  - durch Messen eines entstehenden Gasvolumens,
  - durch Bestimmen einer Massenzunahme oder Massenabnahme,
  - durch Messung der zunehmenden Trübung einer Flüssigkeit,
  - durch Verfolgen der Abnahme von Färbungen einer Lösung.

Momentane und mittlere Reaktionsgeschwindigkeit

- Die mittlere Reaktionsgeschwindigkeit bezieht sich auf ein größeres Zeitintervall Δt.
- Die **mittlere Reaktionsgeschwindigkeit** kann aus der grafischen Darstellung des zeitlichen Verlaufs einer Reaktion durch Bestimmung der Steigung einer Sekante des Graphen ermittelt werden.
- Die **momentane Reaktionsgeschwindigkeit** bezieht sich auf ein infinitesimal kleines Zeitintervall um den Zeitpunkt t: $v = \frac{dc}{dt}$.
- Die momentane Geschwindigkeit wird grafisch durch die Bestimmung der Steigung der Tangente zum Zeitpunkt t ermittelt.

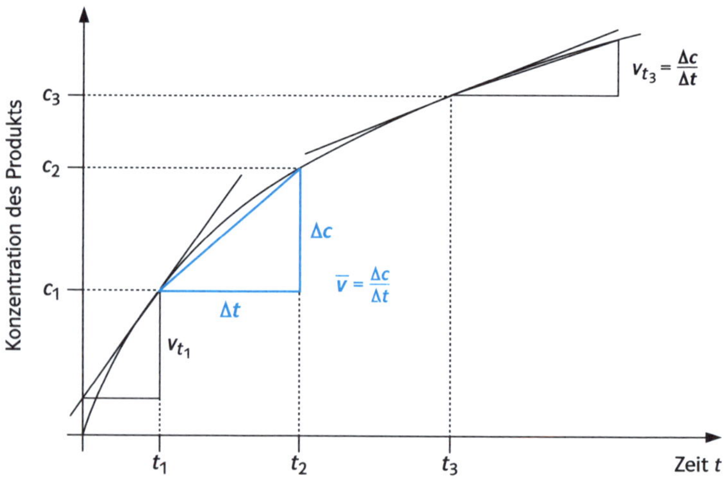

Einfluss der Konzentration und des Drucks

- Damit zwei Teilchen A und B miteinander reagieren können, müssen sie in der richtigen Geschwindigkeit aufeinandertreffen.

- Dies geschieht umso häufiger, je mehr Teilchen A pro Volumen vorhanden sind.

- Der Zusammenhang zwischen der Reaktionsgeschwindigkeit v und der Konzentration $c(A)$ ist proportional, Proportionalitätsfaktor ist die **Geschwindigkeitskonstante** k: $v = k \cdot c(A)$

- Erhöht man gleichzeitig die **Konzentration** beider Edukte, so wird die Wahrscheinlichkeit des Zusammentreffens stärker gesteigert.

- Für $m\,A + n\,B \longrightarrow C$ gilt $v = k \cdot c^m(A) \cdot c^n(B)$.

- Eine **Erhöhung des Drucks** wirkt sich bei Gasen aus durch Erhöhung der Konzentration der Gasteilchen.

- Druckerhöhung wirkt sich bei gasförmigen Edukten förderlich auf die Reaktionsgeschwindigkeit aus, bei gasförmigen Produkten hinderlich.

Einfluss der Temperatur

- Für eine Reaktion ist auch die Geschwindigkeit der zusammentreffenden Teilchen ausschlaggebend. Nur Teilchen mit einer bestimmten Mindestgeschwindigkeit können zur Reaktion kommen. Darauf hat die Temperatur Einfluss.

- Es gibt bei jeder Temperatur oberhalb des absoluten Nullpunkts langsame, mittelschnelle und sehr schnelle Teilchen, aber unterschiedlich viele. In der Darstellung der **Maxwell'schen Geschwindigkeitsverteilung** lässt sich dies erkennen.

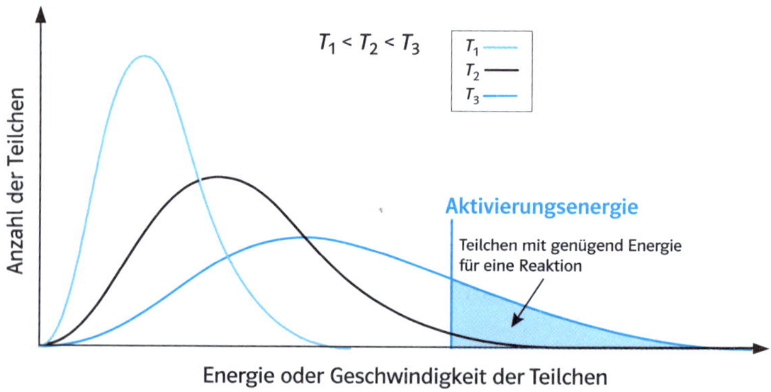

- Je höher die Temperatur, desto höher die Anzahl der Teilchen mit der nötigen Mindestgeschwindigkeit und umso höher deshalb die Reaktionsgeschwindigkeit.

- Bei vielen biochemischen Reaktionen gilt die Faustregel, dass eine Erhöhung der Reaktionsgeschwindigkeit um 10 °C die Geschwindigkeit verdoppelt (**RGT-Regel** = Reaktionsgeschwindigkeits-Temperatur-Regel).

Einfluss von Katalysatoren

- Ein Katalysator verändert den Verlauf der Reaktion, so dass weniger Aktivierungsenergie nötig ist und die Reaktion deshalb bei niedrigerer Temperatur ebenso schnell verläuft wie bei höherer ohne Katalysator. Die **Aktivierungsenergie** für den veränderten Verlauf der Reaktion ist mit Katalysator niedriger als ohne.

- An der exothermen oder endothermen Natur einer Reaktion ändern Katalysatoren nichts.

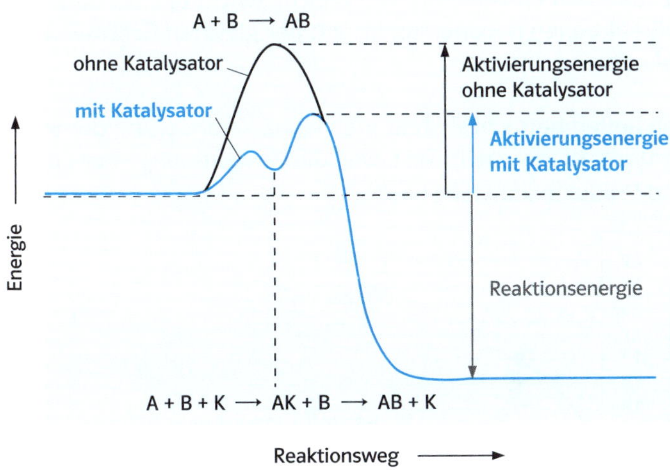

- **Homogene Katalyse**: Katalysator und Edukte liegen in der gleichen Phase vor, z. B. alle in Lösung oder alle als Gas.

- **Heterogene Katalyse**: Der Katalysator befindet sich in einer anderen Phase als die Edukte, ist z. B. ein Feststoff, während die Edukte gasförmig sind.

- Enzyme sind Biokatalysatoren und beschleunigen biochemische Prozesse.

Dynamisches Gleichgewicht

- Die meisten chemischen Reaktionen sind umkehrbar oder **reversibel.**
- **Hinreaktion** und **Rückreaktion** finden gleichzeitig statt, so dass sowohl Produkte als auch Edukte vorliegen.
- Verdeutlicht wird dies in einer Gleichung durch den Gleichgewichts-(doppel-)pfeil $\rightleftharpoons$.
- Es stellt sich ein dynamisches Gleichgewicht ein, bei dem **beide Teilreaktionen** nebeneinander mit der gleichen Geschwindigkeit ablaufen.
- Von außen betrachtet stellt man keine Veränderung der Stoffkonzentrationen mehr fest, weil die Gesamtmenge der Edukte und Produkte konstant bleibt.

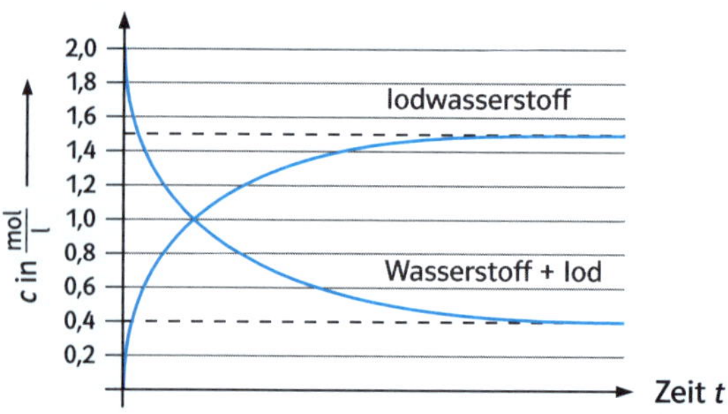

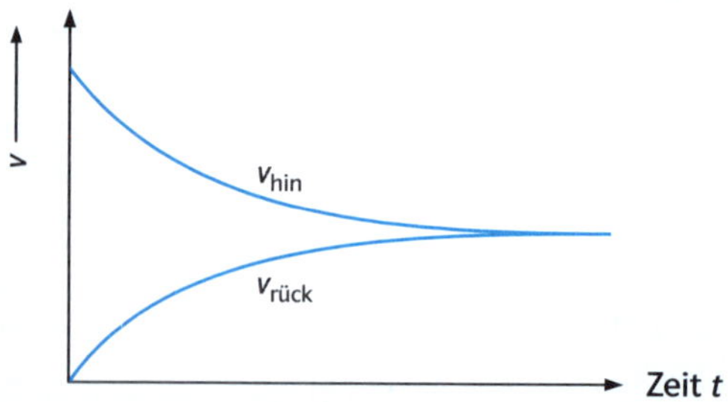

Massenwirkungsgesetz, Gleichgewichtskonstante *K*

- Im Gleichgewicht gilt: $v_{hin} = v_{rück}$. Die Anwendung der Geschwindigkeitsgesetze und Umformung liefert die Gleichgewichtskonstante K_c im **Massenwirkungsgesetz**.

- Auf eine allgemeine Reaktion a A + b B $\rightleftharpoons$ c C + d D angewandt ergibt sich

$$K_c = \frac{c^c(C) \cdot c^d(D)}{c^a(A) \cdot c^b(B)}.$$

- K_c gilt für eine bestimmte Reaktionsgleichung und eine bestimmte Temperatur (und Normaldruck).

- Das Verhältnis von Produkten zu Edukten ist unabhängig von den Ausgangskonzentrationen im Gleichgewicht **konstant**.

- Wenn man das Gleichgewicht durch Zugabe von Edukt oder Produkt „stört“, so stellt sich ein neues Gleichgewicht ein, bei dem das Verhältnis wieder hergestellt ist.

- Bei Berechnungen ist stets zwischen Anfangskonzentrationen und Gleichgewichtskonzentrationen zu unterscheiden, da sich K_c nur auf die **Gleichgewichtskonzentrationen** bezieht.
  Zu Beginn einer Reaktion ist die Anfangskonzentration der Edukte größer, die der Produkte kleiner als die Gleichgewichtskonzentrationen!

- Ist $K_c > 1$, so bedeutet dass, das die Produkte im Gleichgewicht überwiegen (Zähler ist größer als der Nenner).

Beeinflussung durch Konzentrationsänderungen

- Verändert man die Konzentration eines Edukts oder Produkts durch Zugabe des Stoffes, so wird er verbraucht, so dass sich das Gleichgewicht wieder einstellt.

- Man fördert durch die **Stoffzugabe** die Hinreaktion bzw. die Rückreaktion, die dann vermehrt stattfindet, bis sich das Gleichgewicht wieder eingependelt hat. Dadurch stellt sich K_c wieder ein.

- Auch wenn man einen Reaktionspartner aus dem Gleichgewicht entfernt, gleicht sich das wieder aus, weil so die Hinreaktion oder die Rückreaktion gehemmt werden.

- Entfernt man Produkt, so kann die Rückreaktion nicht mehr in gewohntem Maß ablaufen, so dass die Hinreaktion überwiegt. Es wird wieder mehr Produkt gebildet und das Edukt wird weniger, bis K_c wieder eingestellt ist.

Beeinflussung durch Druckänderungen

- Der Druck spielt eine Rolle für das Gleichgewicht, wenn **Gase** an einer Reaktion beteiligt sind. Erhöht man den Druck, kommt dies einer Konzentrationserhöhung des Gases gleich.

- Sind mehrere Gase auf Eduktseite und auf Produktseite beteiligt, muss man die **Gesamtzahl** aller beteiligten Gasteilchen berücksichtigen. Die Seite der Reaktionsgleichung, auf der mehr Gasteilchen vorhanden sind, wird durch die Druckerhöhung stärker gefördert, so dass die Reaktion zur anderen Seite verstärkt stattfindet.

- Beispiel: Bildung von Ammoniak aus den Elementen

$$N_2(g) + 3\,H_2(g) \rightleftharpoons 2\,NH_3(g)$$

Auf der Eduktseite liegen vier Gasteilchen und auf der Produktseite nur zwei Gasteilchen vor. Eine Druckerhöhung fördert somit die Hinreaktion.

Beeinflussung durch Temperatur und Katalysator

- Bei einer Gleichgewichtsreaktion ist immer die eine Reaktion exotherm, während die andere endotherm ist.
- Erhöht man die Temperatur, so fördert dies die endotherme Teilreaktion.
- Eine Temperaturerniedrigung hemmt die endotherme Teilreaktion, so dass die exotherme Teilreaktion verstärkt wird.
- Bei der **Temperaturänderung** stellt sich ein neues Gleichgewicht mit einer anderen Gleichgewichtskonstante K_c ein.
- Ein **Katalysator** beschleunigt in gleichem Maß die Hinreaktion und die Rückreaktion. Deshalb beschleunigt er zwar die **Geschwindigkeit** der Einstellung des Gleichgewichts, hat aber keine Auswirkung auf die **Lage** des Gleichgewichts.

Prinzip von Le Chatelier

- Zusammenfassung der Einflüsse von Außenfaktoren auf chemische Gleichgewichte in der Formulierung von Le Chatelier: Übt man auf ein bestehendes Gleichgewicht einen **Zwang** aus, so weicht das Gleichgewicht auf die Seite aus, auf der dieser Zwang verringert wird.

Zwang	Reaktion des Gleichgewichts
Zufuhr eines Stoffes	Verbrauch des Stoffes
Entnahme eines Stoffes	Nachbildung des Stoffes
Zufuhr von Wärme	Verbrauch der Wärme durch endotherme Teilreaktion
Abkühlung	Bildung von Wärme durch exotherme Teilreaktion
Ausübung von Druck	Förderung der volumenverringernden Teilreaktion
Verringerung des Drucks	Förderung der volumenvergrößernden Teilreaktion

Ammoniak-Gleichgewicht

- Die **Synthese von Ammoniak** aus den Elementen ist zwar wirtschaftlich sehr bedeutend, aber außerordentlich aufwändig, da Stickstoff sehr reaktionsträge ist. Die Gleichgewichtsreaktion wurde von Fritz Haber und seinem Team intensiv untersucht (Nobelpreis 1918).

- Die Edukte Wasserstoff und Stickstoff als auch das Produkt Ammoniak sind bei Zimmertemperatur gasförmig. Deshalb spielt der **Druck** für die Lage des Gleichgewichts eine große Rolle. Die Erhöhung des Drucks fördert die Bildung des Ammoniaks, da bei der Reaktion aus vier Gasteilchen nur zwei werden.

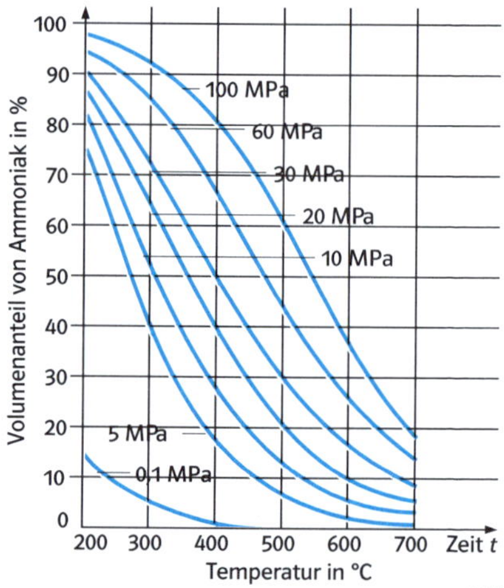

Ammoniak-Synthese

- Da die Bildung des Ammoniaks **exotherm** ist, ist eine niedrige Temperatur für die Ausbeute förderlich.

- Die technische Synthese findet bei technisch beherrschbaren 15 – 25 MPa Druck und 450 – 500 °C statt.

- Damit sich das Gleichgewicht schneller einstellt, wird ein Gemisch aus Eisen(II/III)-Oxid Fe_3O_4, K_2O, CaO, Al_2O_3 und SiO_2 als beschleunigender **Katalysator** benutzt.

Definitionen für Säuren und Basen

- Aus der Alltagserfahrung weiß man „Säuren schmecken sauer" und Basen oder Laugen fühlen sich seifig an.

- Definition über die Synthese: Durch Reaktion eines Nichtmetalls mit Sauerstoff und Lösen des Oxids in Wasser erhält man Säuren, Metalle reagieren dagegen mit Sauerstoff und Wasser zu Laugen.

- Definition von **Svante Arrhenius**: Säuren sind Stoffe, die in Wasser in H^+-Ionen und Säureanionen zerfallen (dissoziieren), wogegen Basen OH^--Ionen und Kationen bilden.

- Definition von **Brönsted** (Brønsted) und **Lowry**: Säuren sind Protonendonatoren und Basen Protonenakzeptoren. Säuren spalten also H^+-Ionen ab, während Basen H^+-Ionen aufnehmen.

- Protolyse: Eine Reaktion einer Säure ist nach der Brönsted-Definition ohne eine Base nicht denkbar, da ein Proton für sich nicht existiert, sondern nur von einem Teilchen auf ein anderes übertragen werden kann. Dieses **Donator-Akzeptor-Konzept** ist ein Basiskonzept in der Chemie.

- Säuren müssen also ein **Wasserstoffatom** besitzen, das sich leicht als Proton abspalten lässt. Eine Base benötigt ein **freies Elektronenpaar**, an das es ein Proton anlagern kann.
  Die Reaktion zwischen einer Säure und einer Base heißt deshalb auch Protolyse oder aber einfach Säure-Base-Reaktion.

- Teilchen, die sowohl als Säure als auch als Base reagieren können, nennt man Ampholyte, ihre Eigenschaft heißt **amphoter** (griech. *amphis* = auf beiden Seiten). Das bedeutendste Ampholyt ist das Wasser-Molekül, das als Säure zum Hydroxid-Ion reagiert und als Base zum Oxonium-Ion wird.

Korrespondierende Säure-Base-Paare

- Bei einer Protolyse reagieren eine Säure und eine Base miteinander, indem ein Proton übertragen wird. Diese Reaktion ist aber auch umkehrbar. So wird aus der Säure durch die Abgabe des Protons ein Teilchen, welches prinzipiell wieder ein Proton aufnehmen kann, also eine Base.

- Dieser Zusammenhang zwischen der Säure-Base-Natur eines Teilchens vor bzw. nach der Abgabe des Protons wird durch den Begriff des korrespondierenden Säure-Base-Paars dargestellt.

- Es gibt bei einer Protolyse deshalb immer **zwei korrespondierende Säure-Base-Paare**. Allgemein kann man eine Protolyse wie folgt formulieren:

$$HA + B \rightleftharpoons A^- + HB^+.$$

- Hier stellen das Paar HA/A^- das eine und das Paar B/HB^+ das andere korrespondierende Säure-Base-Paar dar.

Säure	korrespondierende Base
Schwefelsäure H_2SO_4	Hydrogensulfat HSO_4^-
schweflige Säure H_2SO_3	Hydrogensulfit HSO_3^-
Kohlensäure H_2CO_3	Hydrogencarbonat HCO_3^-
Salzsäure HCl	Chlorid Cl^-
Phosphorsäure H_3PO_4	Dihydrogenphosphat $H_2PO_4^-$
Salpetersäure HNO_3	Nitrat NO_3^-
Oxonium-Ion H_3O^+	Wasser H_2O
Ammonium NH_4^+	Ammoniak NH_3
Wasser	Hydroxid OH^-
Hydroxid OH^-	Oxid O^{2-}

Das Ionenprodukt des Wassers

- Das Wassermolekül kann als **Ampholyt** auch mit sich selbst reagieren. Dabei gibt ein Teilchen ein Proton ab, das andere nimmt es auf. Man spricht dabei von der Autoprotolyse des Wassers (griech. *auto* = selbst)

$$H_2O + H_2O \rightleftharpoons OH^- + H_3O^+.$$

- Dieses Gleichgewicht liegt stark auf der linken Seite. Die Konzentrationen der Oxonium-Ionen und Hydroxid-Ionen sind gleich und betragen $10^{-7}\ \frac{mol}{l}$ bei 25 °C.

- Man definiert das **Ionenprodukt** des Wassers K_W:

$$K_W = K \cdot c^2(H_2O) = c(H_3O^+) \cdot c(OH^-).$$

Setzt man die Werte für $c(H_3O^+)$ und $c(OH^-)$ ein, erhält man

$$K_W = c(H_3O^+) \cdot c(OH^-) = 10^{-14}\ \frac{mol^2}{l^2}.$$

- Ändert man die Konzentration einer Ionensorte, z. B. durch Zugabe einer Säure mit Oxonium-Ionen, so verschiebt sich das Gleichgewicht, aber K_W bleibt konstant bei $10^{-14}\ \frac{mol^2}{l^2}$.

pH-Wert, pOH-Wert

- Die Angabe der Oxoniumionen-Konzentration bzw. der Hydroxidionen-Konzentration in negativen Zehnerpotenzen $\left(\text{z. B. } 10^{-2}\,\frac{\text{mol}}{\text{l}}\right)$ ist schreibaufwändig. Deshalb hat sich eine Kurzform bewährt, bei der man lediglich die „Hochzahl" zur Basis 10 ohne das negative Vorzeichen angibt.

- Mathematisch ausgedrückt ist das der „negative dekadische Logarithmus" der Oxoniumionen-Konzentration bzw. der Hydroxidionen-Konzentration.

- Diese Zahl nennt man den **pH-Wert** für die Oxoniumionen-Konzentration bzw. den **pOH-Wert** für die Hydroxidionen-Konzentration:

  $$\text{pH} = -\lg c(\text{H}_3\text{O}^+) \text{ bzw. } \text{pOH} = -\lg c(\text{OH}^-).$$

- pH-Wert und pOH-Wert sind rechnerisch miteinander über das **Ionenprodukt** verbunden: pH + pOH = 14.

- Neutrale Lösungen besitzen einen pH-Wert von 7, saure Lösungen haben einen pH-Wert, der kleiner ist als 7, Laugen haben einen höheren pH-Wert.

Stärke von Säuren und pK_S-Wert

Starke und schwache Säuren

- Die meisten anorganischen Säuren wie die Salzsäure haben ein großes Bestreben, ihr Proton an Wasser abzugeben. Die Gleichgewichtsreaktion liegt fast ausschließlich auf der Seite der Produkte (Oxonium-Ion und Säure-Anion).
  Solche Säuren nennt man starke Säuren.
- Bei vielen organischen Säuren ist dies nicht der Fall, sie geben nur zum Teil ihr Proton ab bzw. reagieren in einer Gleichgewichtsreaktion als Säureanion wieder mit einem Oxonium-Ion zur undissoziierten Säure.
  Man nennt sie schwache Säuren.

Säurekonstante K_S und pK_S-Wert

- Wendet man auf die Gleichgewichtsreaktion für eine allgemeine Säure HA das Massenwirkungsgesetz an, so erhält man aus
  $HA + H_2O \rightleftharpoons A^- + H_3O^+$ die Gleichung $K = \frac{c(A^-) \cdot c(H_3O^+)}{c(HA) \cdot c(H_2O)}$.
- Die Konzentration des Wassers kann als eine Konstante betrachtet werden. Man kann sie deshalb mit in die Gleichgewichtskonstante K einbeziehen und nennt die neue Konstante K_S (Säurekonstante):

  $$K_S = K \cdot c(H_2O) = \frac{c(A^-) \cdot c(H_3O^+)}{c(HA)}; \quad \text{die Einheit ist } \frac{\text{mol}}{\text{l}}.$$

- Der pK_S-Wert wird analog zum pH-Wert gebildet: $pK_S = -\lg K_S$.
- Bei sehr starken Säuren ist der K_S-Wert also besonders hoch (Werte von 10^{10} bis 10^3) und der pK_S-Wert damit besonders niedrig (−10 bis −3), bei schwachen Säuren ist es umgekehrt, der K_S-Wert ist niedrig, der pK_S-Wert hoch.

Stärke von Basen und pK_B-Wert

- Analog zu den Säuren kann man die **Basenkonstante** K_B und den pK_B-Wert definieren:

  $$B + H_2O \rightleftharpoons HB^+ + OH^- \quad \Rightarrow \quad K = \frac{c(HB^+) \cdot c(OH^-)}{c(B) \cdot c(H_2O)}$$

  $$\Rightarrow \quad K_B = \frac{c(HB^+) \cdot c(OH^-)}{c(B)} \quad pK_B = -\lg K_B$$

- **Zusammenhang zwischen Säurekonstante und Basenkonstante**
  - Für ein korrespondierendes Säure-Base-Paar kann man einen Zusammenhang zwischen seiner Säurekonstante und seiner Basenkonstante herleiten:
  - Die Reaktion der Säure und K_S:

    $$HA + H_2O \rightleftharpoons A^- + H_3O^+ \qquad K_S = \frac{c(A^-) \cdot c(H_3O^+)}{c(HA)}$$

  - Reaktion der korrespondierenden Base und K_B:

    $$A^- + H_2O \rightleftharpoons HA + OH^- \qquad K_B = \frac{c(HA) \cdot c(OH^-)}{c(A^-)}$$

  - Multipliziert man K_S mit K_B, dann lassen sich verschiedene Faktoren aus dem Produkt kürzen:

    $$K_S \cdot K_B = \frac{c(A^-) \cdot c(H_3O^+)}{c(HA)} \frac{c(HA) \cdot c(OH^-)}{c(A^-)} = c(H_3O^+) \cdot c(OH^-).$$

  - Man erhält somit das Ionenprodukt des Wassers!

    Deshalb gilt auch $K_S \cdot K_B = 10^{-14} \frac{mol^2}{l^2} \longrightarrow pK_S + pK_B = 14.$

  - Man kann deshalb durch Angabe des pK_S-Wertes einer Säure direkt auf den pK_B-Wert der korrespondierenden Base schließen.

Starke Säuren und starke Basen

- Man gibt die Konzentration einer Säure oder Base als Anfangskonzentration ohne Hinweis auf die Gleichgewichtslage an und bezeichnet sie als c_0.

- Bei starken Säuren kann man davon ausgehen, dass alle Säuremoleküle ihr Proton abgegeben haben (**vollständige Dissoziation**).

- Deshalb gilt als Näherung, dass $c(H_3O^+)$ im Gleichgewicht der **Anfangskonzentration** der Säure $c_0(HA)$ entspricht. So berechnet sich der pH-Wert nach folgender Formel:

$$pH = -\lg c_0(HA).$$

- Bei den starken Basen, die sich als Hydroxid-Ion als eigentlicher Base und dem Gegen-Ion wie Na^+ oder K^+ lösen, kann man davon ausgehen, dass die Hydroxidionen-Konzentration der Anfangskonzentration der Base entspricht.

- Deshalb bestimmt man $c(OH^-)$. Bei NaOH und KOH entspricht dies der Basenkonzentration, bei $Ca(OH)_2$ ist sie doppelt so hoch wie die Basenkonzentration, weil doppelt so viele OH^--Ionen entstehen. Aus $c(OH^-)$ lässt sich der pOH-Wert und daraus der pH-Wert berechnen:

$$pOH = -\lg c(OH^-) \quad \Rightarrow \quad pH = 14 - \left(-\lg c(OH^-)\right).$$

Schwache Säuren und schwache Basen

- **pH-Wert schwacher Säuren (pK_S > 4)**
  - Die Näherung, die man bei schwachen Säuren annimmt, lautet, dass fast kein Säureteilchen dissoziiert und deshalb die Konzentration von HA im Gleichgewicht ungefähr so groß ist wie $c_0(HA)$. Da außerdem aus einem Molekül Säure ein H_3O^+-Ion und ein Säure-Anion entstehen, gilt $c(H_3O^+) = c(A^-)$. Man vernachlässigt dabei die Oxoniumionen aus der Autoprotolyse des Wassers:

$$K_S = \frac{c(A^-) \cdot c(H_3O^+)}{c(HA)} = \frac{c(H_3O^+)^2}{c_0(HA)}$$

$$\Rightarrow \quad c(H_3O^+) = \sqrt{K_S \cdot c_0(HA)}$$

$$\Rightarrow \quad pH = \frac{1}{2}\, pK_S - \lg c_0(HA)$$

- **pH-Wert schwacher Basen (pK_B > 4)**
  - Durch das Ersetzen von K_S durch K_B und von H_3O^+ durch OH^- erhält man eine ähnliche Näherungsformel:

$$pOH = \frac{1}{2}\left(pK_B - \lg c_0(B)\right) \quad \Rightarrow \quad pH = 14 - \frac{1}{2}\left(pK_B - \lg c_0(B)\right).$$

Pufferlösungen

- Pufferlösungen halten in einem bestimmten pH-Wert-Bereich den pH-Wert relativ konstant, wenn Säure oder Lauge zugegeben werden.

- In einem **Puffersystem** sind stets zwei Komponenten enthalten, die eine Säure-Zugabe bzw. Lauge-Zugabe abfangen. Man verwendet meist **äquimolare Gemische** aus einer schwachen Säure/Base und ihrer korrespondierenden Base/Säure.

- Bei Zugabe von Säure reagieren die Säureanionen:

$$A^- + H_3O^+ \rightleftharpoons HA + H_2O.$$

- Gibt man Lauge hinzu, reagiert die Säure:

$$HA + OH^- \rightleftharpoons A^- + H_2O.$$

- Ein Puffer ist erschöpft, wenn das Verhältnis der Säurekonzentration zur Base-Konzentration den Wert 1 : 10 bzw. 10 : 1 überschreitet. Der pH-Wert eines Puffers kann daher um ±1 schwanken, bevor die **Pufferkapazität** erschöpft ist.

Henderson-Hasselbalch-Gleichung

- Löst man die Gleichung der Säurekonstante nach $c(H_3O^+)$ auf, erhält man

$$K_S = \frac{c(A^-) \cdot c(H_3O^+)}{c(HA)} \quad \Rightarrow \quad c(H_3O^+) = K_S \frac{c(HA)}{c(A^-)}.$$

- Für den pH-Wert bildet man den negativen dekadischen Logarithmus:

$$-\log[c(H_3O^+)] = -\log K_S - \log \frac{c(HA)}{c(A^-)}$$

$$\Rightarrow \quad pH = pK_S + \log \frac{c(A^-)}{c(HA)}.$$

  Diese Gleichung nennt man **Henderson-Hasselbalch-Gleichung**.

- Für $c(HA) = c(A^-)$ gilt $pH(\text{Puffer}) = pK_S(\text{Säure})$.

- Um diesen Bereich bleibt der pH-Wert der Pufferlösung dann nahezu konstant.

Säure-Base-Titrationen

- Säure-Base-Titrationen führt man meist durch, um eine Säurekonzentration oder eine Laugenkonzentration zu bestimmen.

- Man misst ein definiertes Volumen der Probelösung ab, von der man die **Konzentration** bestimmen will, und gibt es in ein Becherglas oder einen Erlenmeyerkolben.

- Dazu gibt man eine kleine Menge einer **Indikator-Lösung**. In eine Bürette gibt man eine **Maßlösung**, die zur Neutralisation der Probelösung geeignet ist, also Säure bei einer Laugenprobelösung und Lauge bei einer Säure.

- Nun tropft man so lange Maßlösung zu, bis der Indikator gerade seine **Farbe** ändert.

- Man liest an der Skala das zugegebene Volumen der Maßlösung ab. Aus diesem Volumen lässt sich die **Anfangskonzentration** der Probelösung berechnen.

- Am Äquivalenzpunkt einer Titration gilt $c_1 \cdot V_1 \cdot z_1 = c_2 \cdot V_2 \cdot z_2$. ($c$: Konzentration, V: Volumen und z: „Wertigkeit", also die Zahl der Oxonium-Ionen bzw. Hydroxid-Ionen, die die entsprechenden Säure oder Lauge bildet)

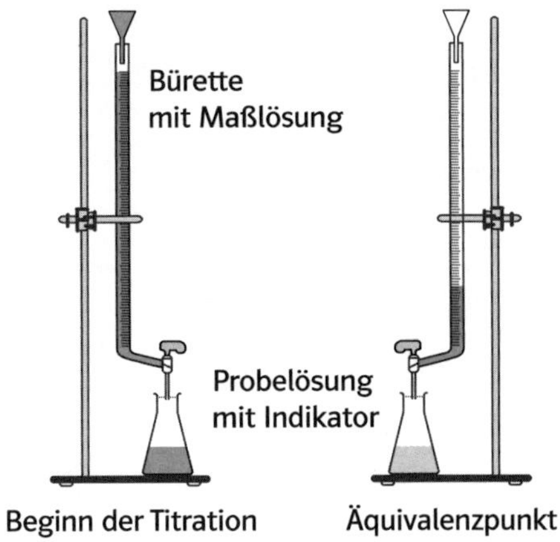

Indikatoren

- Indikatoren sind schwache Säuren oder Laugen, die als Säure eine andere Farbe besitzen als die korrespondierende Base und sind deshalb geeignet, den **Umschlagpunkt** einer Titration anzuzeigen.

- Die Indikatoren zeigen eine Gleichgewichtsreaktion mit Wasser, die durch den pH-Wert beeinflusst wird.

$$\underset{\text{Farbe 1}}{HInd + H_2O} \rightleftharpoons \underset{\text{Farbe 2}}{Ind^- + H_3O^+}$$

- Indikatoren haben einen **Umschlagbereich**, der sich meist über zwei pH-Einheiten hinwegzieht.

- Um den Äquivalenzpunkt bei einer Titration zu erkennen, muss der Umschlagbereich des Indikators in den **pH-Sprung** der Titrationskurve fallen.

Indikator	Farbe der Säure	Umschlag-bereich	Farbe der Base	pK_S (HInd)
Thymolblau	Rot	1,2 – 2,8	Gelb	1,7
Methylorange	Rot	3,0 – 4,4	Gelborange	3,4
Bromkresolgrün	Gelb	3,8 – 5,4	Blau	4,7
Methylrot	Rot	4,2 – 6,2	Gelb	5,0
Lackmus	Rot	5,0 – 8,0	Blau	6,5
Bromthymolblau	Gelb	6,0 – 7,6	Blau	7,1
Phenolphthalein	Farblos	8,2 – 10,0	Purpur	9,4
Thymolphthalein	Farblos	9,3 – 10,5	Blau	10,0
Alizaringelb R	Gelb	10,1 – 12,1	Rot	11,2

Starke Säure

- Während einer Titration verändert sich der pH-Wert einer Lösung in charakteristischer Art.
- Misst man mit einem pH-Meter während der Zugabe der Maßlösung ständig den pH-Wert, kann man eine Titrationskurve erstellen. Dazu trägt man nach rechts die zugegebenen Milliliter Maßlösung auf und nach oben den pH-Wert.
- Starke Säuren haben vor Beginn der Titration einer sehr niedrigen pH-Wert. Dieser verändert sich durch die Zugabe der Lauge zunächst kaum. Erst nahe am Äquivalenzpunkt nimmt er schlagartig zu (pH-Sprung), danach steigt er durch weitere Laugenzugabe wiederum nur wenig weiter an.

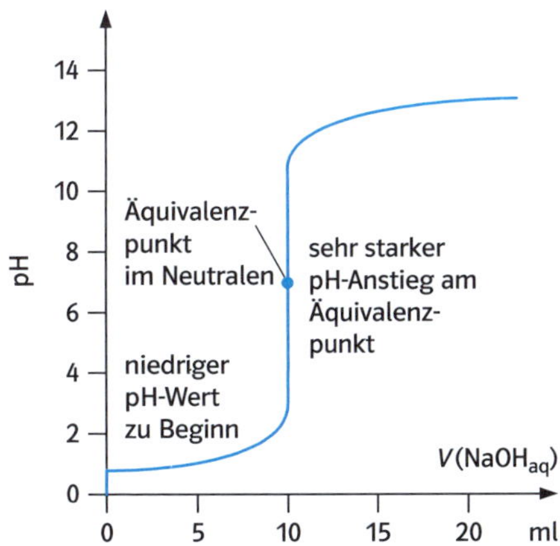

Schwache Säure

- Schwache Säuren haben zu Beginn einer Titration einen höheren pH-Wert als starke Säuren. Er steigt durch Laugenzugabe rasch an, da zunächst ganz wenige H_3O^+-Ionen vorliegen.
- Die Titrationskurve verflacht dann und erreicht am **„Halbäquivalenzpunkt“** einen Wendepunkt.
- Der pH-Sprung ist nicht so stark ausgeprägt, er umfasst nur einige pH-Bereiche.
- Der Äquivalenzpunkt ist ins Basische verschoben.
- Danach gleicht die Kurve der Titrationskurve einer starken Säure, weil die pH-Änderung nur noch durch die Zugabe der starken Lauge hervorgerufen wird.

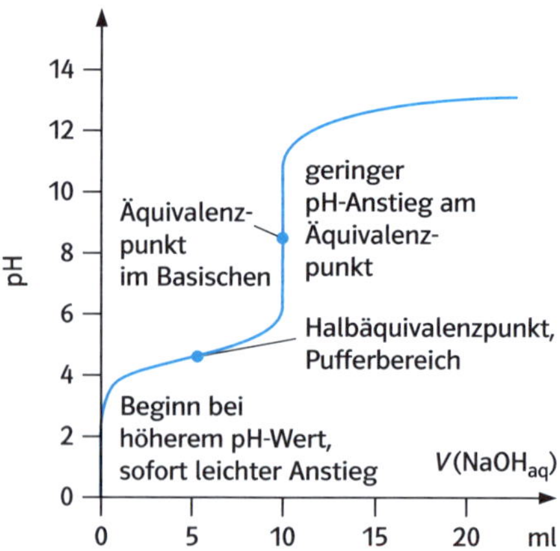

Starke Lauge und schwache Lauge

- Bei der starken Base beginnt die Kurve bei sehr hohen pH-Werten und ist durch einen starken pH-Sprung nach unten gekennzeichnet.

- Die Kurve der schwachen Base beginnt bei geringeren pH-Werten, sinkt zunächst und flacht dann ab, hat den ersten Wendepunkt bei pH = pK_B, gefolgt von einem kleineren pH-Sprung. Der Äquivalenzpunkt ist ins Saure verschoben.

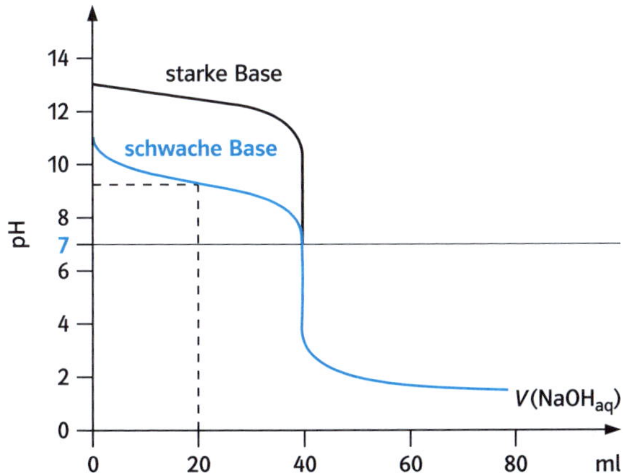

Halbäquivalenzpunkt, Bestimmung des pK_S-Werts

- Der Halbäquivalenzpunkt lässt sich benutzen, um den pK_S-Wert einer schwachen Säure zu ermitteln. Nach der Henderson-Hasselbalch-Gleichung gilt: $pH = pK_S + \log \frac{c(A^-)}{c(HA)}$.
- Am **Halbäquivalenzpunkt** sind genauso viele Säuremoleküle wie Säureanionen vorhanden, $c(HA)$ und $c(A^-)$ sind gleich groß. Deshalb kürzt sich $\frac{c(A^-)}{c(HA)}$ zu 1 und $\log \frac{c(A^-)}{c(HA)}$ beträgt 0, deshalb gilt $pH = pK_S$.
- Grafisch lässt sich somit der pK_S-Wert aus der Titrationskurve bestimmen. Den Äquivalenzpunkt erkennt man am pH-Sprung. Der Halbäquivalenzpunkt ist bei der Hälfte dieses Laugenvolumens erreicht. Man liest den pH-Wert bei diesem Laugenvolumen ab und erhält den **pK_S-Wert**.

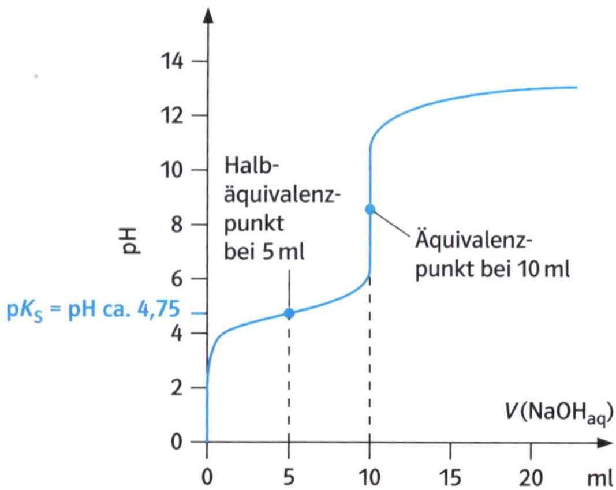

Definitionen

- Es gibt ältere Definitionen, denen traditionelle Bezeichnungen chemischer Vorgänge zugrundeliegen.
  - *Oxygenium* ist das griechisch-lateinische Wort für Sauerstoff, deshalb bezeichnet man Reaktionen mit Sauerstoff als Oxidationen, z. B. die Oxidation von Kohlenstoff zu Kohlenstoffdioxid $C + O_2 \longrightarrow CO_2$.
  - Das Wort Reduktion leitet sich vom lateinischen *reducere* für „zurückführen" ab. Die Überführung eines Metalloxids zurück in das elementare Metall ist deshalb eine Reduktion. Sie ist das Gegenstück zur Oxidation, weil Sauerstoff entzogen wird. Beim Erhitzen von Quecksilberoxid wird der Sauerstoff freigesetzt: $2\,HgO \longrightarrow 2\,Hg + O_2$.

- Bei der erweiterten Definition ist nicht der Reaktionspartner entscheidend, sondern der Übergang von (Valenz-)Elektronen. Eine **Oxidation** stellt dabei eine **Elektronenabgabe** dar, eine **Reduktion** ist die **Elektronenaufnahme**.

- Es kann keine Oxidation eines Stoffes ohne die Reduktion eines anderen Stoffes geben. Beide Reaktionen gemeinsam bilden die **Redoxreaktion**.

- Als **Oxidationsmittel** bezeichnet man Stoffe, die Elektronen aufnehmen (und dadurch selbst reduziert werden), **Reduktionsmittel** geben Elektronen ab (und werden dabei oxidiert).

- Wie bei den Säure-Base-Reaktionen gibt es auch hier korrespondierende Paare, die durch Reaktion ineinander übergehen. Sie werden **korrespondierende Redoxpaare** genannt.

$$\text{Red 1} \longrightarrow \text{Ox 1} + n\,e^- \qquad \text{Redoxpaar 1: Red 1/Ox 1}$$
$$\text{Ox 2} + n\,e^- \longrightarrow \text{Red 2} \qquad \text{Redoxpaar 2: Ox 2/Red 2}$$
$$\overline{\text{Red 1} + \text{Ox 2} \longrightarrow \text{Ox 1} + \text{Red 2}}$$

Oxidationszahlen

- Nicht bei jeder Redoxreaktion bilden sich Ionen, bei denen man gut erkennen kann, welcher Stoff Elektronen abgegeben und welcher Stoff sie aufgenommen hat.

- Beim Konzept der Oxidationszahl nimmt man an, dass die Verbindungen hypothetisch doch aus Ionen aufgebaut sind und ordnet die Elektronen dem jeweils elektronegativeren Partner ganz zu. Die resultierende fiktive Ionenladungszahl nennt man **Oxidationszahl**.

- Man kann die Oxidationszahlen durch die Unterschiede in der **Elektronegativität** bestimmen, die Festlegungen erfordern aber einige Regeln. Die hier zuerst genannten Regeln sind dabei höherrangig zu beachten als die folgenden.

- **Regeln zur Ermittlung der Oxidationszahlen**:
  - Ein Atom in einem Element hat die Oxidationszahl null (0).
  - Die Oxidationszahl eines einatomigen Ions ist gleich seiner Ionenladungszahl.
  - Die Summe der Oxidationszahlen aller Atome beträgt in einem neutralen Molekül null (0), in einem Molekül-Ion entspricht sie der Ionenladungszahl.
  - Fluor, das elektronegativste Element, hat in Verbindungen die Oxidationszahl –I.
  - Sauerstoff als zweit-elektronegativstes Element hat meistens die Oxidationszahl –II. Ausnahmen in Peroxiden (–I) und in Verbindung mit Fluor (+II).
  - Wasserstoff hat in Verbindungen mit Nichtmetallen die Oxidationszahl +I, in Metallhydriden –I.
  - In Verbindungen aus Nichtmetallen ist die Oxidationszahl des elektronegativeren Elements negativ und entspricht seiner Ionenladung.

Aufstellen von Redoxgleichungen

- Man entwickelt schrittweise die **Teilgleichungen** für Oxidation und Reduktion und fasst diese dann zur Redoxreaktion zusammen.

- Beteiligte Stoffe ermitteln und **Formeln** aufschreiben

- **Oxidationszahlen** ermitteln

- Oxidation und Reduktion festlegen. Bei der Oxidation wird die Oxidationszahl größer, bei der Reduktion kleiner; Oxidationszahlen, die sich nicht ändern, werden nicht mehr gebraucht.

- Zahl der abgegebenen/aufgenommenen **Elektronen** festlegen. Dabei spielen die Oxidationszahlen die entscheidende (und einzige) Rolle. Kommt ein Atom, dessen Oxidationszahl sich ändert, auf beiden Seiten unterschiedlich oft vor, muss man dies vor dem Ausgleich der Elektronen durch Faktoren anpassen.

- **Ladungen** mit H_3O^+ oder OH^- ausgleichen, sodass auf beiden Seiten der Teilgleichungen die gleiche Zahl von positiven oder negativen Ladungen herrscht.

- Ausgleich der O-Atome durch Wasser, dabei alle Sauerstoffatome zählen, auch die in den Oxonium- bzw. Hydroxid-Ionen. Überprüfen der H-Atome als Gegenprobe.

- **Zusammenfassen** der Teilgleichungen. Eventuell Teilgleichungen vervielfachen mit dem Ziel, dass genauso viele Elektronen abgegeben wie aufgenommen werden. Man kann Elektronen weglassen.

- Kürzen von Teilchen, die rechts und links vorkommen

Redoxreihe

- Man kann die Stoffe in eine **Redoxreihe** einordnen, in denen das Bestreben, Elektronen abzugeben, also oxidiert zu werden, abnimmt. Umgekehrt nimmt das Bestreben der oxidierten Stoffe, Elektronen aufzunehmen und reduziert zu werden, in dieser Reihe zu.

- Edle Metalle geben ihre Valenzelektronen weniger bereitwillig ab als unedle. Dies ist in der Redoxreihe erfasst. Das am wenigsten edle Metall steht an einem Ende der Redoxreihe.

- Fluor kann jedem anderen Stoff ein Valenzelektron entreißen. Es steht also an dem anderen Ende der Redoxreihe.

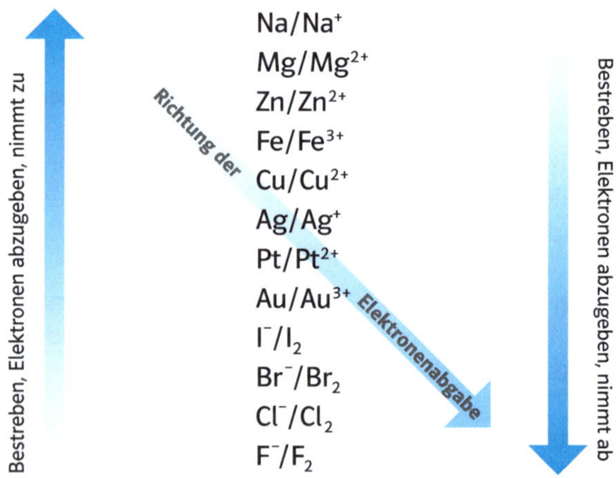

Galvanische Elemente

- Reduktion und Oxidation laufen getrennt in sogenannten Halbzellen ab und werden leitend (aber mit einem Widerstand) verbunden.

- Eine **Halbzelle** enthält jeweils eine Elektrode und einen Elektrolyten.
  - Die **Elektrode** kann aus dem Metall der Halbzelle bestehen und nimmt dann an der Reaktion teil oder sie fungiert lediglich als ableitende/zuleitende Elektrode, wenn sich die reagierenden Stoffe im Elektrolyten befinden. Dann besteht sie z. B. aus Platin oder Graphit.
  - Der **Elektrolyt** ist eine wässrige Lösung, die die Ionen enthält, die an der Redox-Halbreaktion beteiligt sind. Es liegen somit in einer Halbzelle immer Redoxpaare vor.

- Die beiden Halbzellen sind außer mit den Leitungen, über die die Spannung abgegriffen wird, mit einem „Stromschlüssel" verbunden, der die Wanderung von Ionen in die andere Halbzelle ermöglicht, z. B. durch eine poröse Keramikwand (Diaphragma), ein Filterpapier, das mit einer Salzlösung getränkt ist, oder durch angedickte Salzlösungen in einem Glasrohr (Salzbrücke).

- Für eine kurze Darstellung eines **galvanischen Elementes** verwendet man nur die beteiligten Elemente, Ionen oder Moleküle. Man gibt Phasengrenzen (z. B. von fester Elektrode zum Elektrolyt) mit einem Schrägstrich / an, die Grenze zwischen den Halbzellen wird mit einem Doppelschrägstrich // symbolisiert. Ableitende Elektroden werden auch genannt. Zuerst wird meist der Minuspol angegeben. Das Daniell-Element hat somit folgende Kurzschreibweise: $Zn/Zn^{2+}//Cu^{2+}/Cu$.

Daniell-Element

- Das Daniell-Element ist ein Beispiel für ein **galvanisches Element**.
- Es besteht aus einer Kupfer-Halbzelle und einer Zink-Halbzelle.
- Die Kupferhalbzelle enthält Kupfer(II)-sulfat mit Cu^{2+}- und SO_4^{2-}-Ionen und eine Kupferelektrode, die Zinkhalbzelle enthält Zink(II)-sulfat mit Zn^{2+}- und SO_4^{2-}-Ionen und eine Zinkelektrode.
- Es finden folgende Reaktionen statt:
  - $Cu \rightleftharpoons Cu^{2+} + 2\,e^-$
  - $Zn \rightleftharpoons Zn^{2+} + 2\,e^-$
- Zink hat den höheren **Lösungsdruck**, es sammeln sich deshalb mehr Elektronen in der Zinkhalbzelle als in der Kupferhalbzelle. Diesen Unterschied kann man mit einem Spannungsmesser feststellen.
- Unter Standardbedingungen stellt sich beim Daniell-Element eine Spannungsdifferenz von 1,10 V ein.

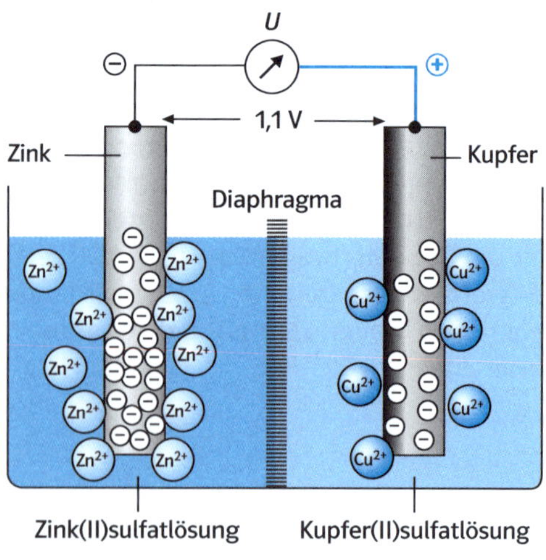

Wasserstoffhalbzelle

- Die Wasserstoffhalbzelle ermöglicht die Reaktion des Redoxpaares H_3O^+/H_2.
- Da Wasserstoff ein Gas und ein Nichtleiter ist, benötigt man eine Elektrode, mit der die Elektronen der Reaktion abgeführt oder zugeführt werden (ableitende Elektrode).
- Man verwendet eine platinierte **Platin-Elektrode**. An ihr haftet der Wasserstoff und kann deshalb seine Elektronen an das Platin abgeben und in Lösung gehen. Die Wasserstoffhalbzelle oder **Wasserstoffelektrode** wird also immer an eine Wasserstoff-Quelle angeschlossen.
- Für Messungen unter Standardbedingungen muss die Temperatur 25 °C betragen, der Druck des Wasserstoffs 1013 hPa haben und die Lösung eine Konzentration von 1 $\frac{mol}{l}$ Oxonium-Ionen besitzen (z. B. Salzsäure mit dem pH-Wert 0).

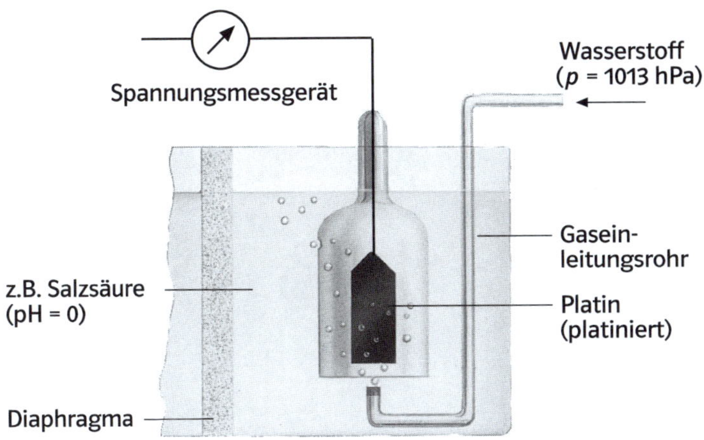

Standardpotenzial

- Um die verschiedenen Halbzellen zu vergleichen und Spannungen vorhersagen zu können, wurden sehr viele Halbzellen unter standardisierten Bedingungen in einem galvanischen Element mit der **Standardwasserstoffhalbzelle** kombiniert und die entstehende Spannung gemessen.

- **Standardbedingungen** sind eine Temperatur von 25 °C, Normaldruck (1013 hPa) und die Konzentration von 1 $\frac{mol}{l}$ für die Ionen im Elektrolyt (auch an der Teilgleichung beteiligte Hydroxid- und Oxoniumionen).

- Die gemessene Spannung bezeichnet man als **Standardpotenzial E^0**.

- Alle Halbzellen, die Elektronen an die Wasserstoffhalbzelle abgeben, haben ein negatives Standardpotenzial, die Halbzellen, die Elektronen aufnehmen, ein positives.

- Wenn die Konzentrationen nicht 1 $\frac{mol}{l}$ betragen, kann man das Potenzial gemäß der Nernst'schen Gleichung berechnen.

Elektrochemische Spannungsreihe

- Durch die Ermittlung der Standardpotenziale lässt sich die elektrochemische Spannungsreihe erstellen, in der die Teilreaktionen entsprechend ihrem Potenzial geordnet sind.

- Ihr Aufbau in Formelsammlungen ist nicht immer gleich (wohl aber die ermittelten Werte). Manchmal steht das stärkste Oxidationsmittel oben, mal unten, manchmal werden Elektronen in Leserichtung aufgenommen, manchmal abgegeben.

- Wenn man weiß, dass Lithium als unedles Metall Elektronen an das elektronegativste Element Fluor abgibt, kann man in jeder Darstellung die Richtung des (freiwilligen) Elektronenflusses bestimmen. In der folgenden Darstellung geben somit Stoffe, die weiter unten links stehen, die Elektronen an Stoffe, die weiter oben und rechts stehen, ab (da Lithium links unten und Fluor rechts oben steht).

Zunahme der Stärke des Reduktionsmittels (↓) · Zunahme der Stärke des Oxidationsmittels (↑)

Red	⇌	Ox	Standardpotenzial E^0 (in Volt)
$2\,F^-$	⇌	$F_2 + 2\,e^-$	+2,87
$Mn^{2+} + 12\,H_2O$	⇌	$MnO_4^- + 8\,H_3O^+ + 5\,e^-$	+1,49
Au	⇌	$Au^{3+} + 3\,e^-$	+1,42
$2\,Cl^-$	⇌	$Cl_2 + 2\,e^-$	+1,36
$2\,Br^-$	⇌	$Br_2 + 2\,e^-$	+1,07
Ag	⇌	$Ag^+ + e^-$	+0,80
Fe^{2+}	⇌	$Fe^{3+} + e^-$	+0,77
$2\,I^-$	⇌	$I_2 + 2\,e^-$	+0,54
$4\,OH^-$	⇌	$O_2 + 2\,H_2O + 4\,e^-$	+0,40
Cu	⇌	$Cu^{2+} + 2\,e^-$	+0,34
$H_2 + 2\,H_2O$	⇌	$2\,H_3O^+ + 2\,e^-$	0
Pb	⇌	$Pb^{2+} + 2\,e^-$	−0,13
Fe	⇌	$Fe^{2+} + 2\,e^-$	−0,41
Zn	⇌	$Zn^{2+} + 2\,e^-$	−0,76
Al	⇌	$Al^{3+} + 3\,e^-$	−1,66
Na	⇌	$Na^+ + e^-$	−2,71
Li	⇌	$Li^+ + e^-$	−3,02

Elektrochemische Spannungsreihe
Pfeil: Richtung der Elektronen-Abgabe

Nernst'sche Gleichung

- Die Nernst'sche Gleichung wird verwendet, wenn die **Konzentration** der beteiligten Ionen nicht bei 1 $\frac{mol}{l}$ liegt.

- Dabei muss man alle Ionensorten beachten, auch Oxonium- und Hydroxid-Ionen, wenn sie an der Redoxreaktion beteiligt sind. Wasser wird vernachlässigt.

- Für eine **Teilreaktion**, bei der der reduzierte Stoff Red in seine oxidierte Form Ox durch Abgabe von *z* Elektronen übergeht (Red $\rightleftharpoons$ Ox + z e^-), gilt:

$$E = E^0 + \frac{0{,}059\,V}{z} \lg \frac{c(Ox)}{c(Red)}.$$

- Die Konzentration von festen und gasförmigen Reaktionspartnern und von Wasser setzt man mit 1 $\frac{mol}{l}$ fest.

- Tritt ein **Reaktionspartner** mehr als einmal in der Gleichung auf, so muss man dies auch in der Nernst'schen Gleichung beachten und den Koeffizienten wie beim Massenwirkungsgesetz als Potenz berücksichtigen.

  Beispiel: $Mn^{2+} + 12\ H_2O \rightleftharpoons MnO_4^- + 8\ H_3O^+ + 5\ e^-$ $\quad E^0 = 1{,}49\,V$

  In reinem Wasser beträgt $c(H_3O^+)$ nur $10^{-7}\ \frac{mol}{l}$ und nicht 1 $\frac{mol}{l}$

$$\Rightarrow \quad E = 1{,}49\,V + \frac{0{,}059\,V}{5} \cdot \lg \frac{c(MnO_4^-) \cdot c^8(H_3O^+)}{c(Mn^{2+})}$$

$$= 1{,}49\,V + \frac{0{,}059\,V}{5} \cdot \lg \frac{1\,\frac{mol}{l} \cdot \left(10^{-7}\,\frac{mol}{l}\right)^8}{1\,\frac{mol}{l}}$$

$$= 0{,}83\,V.$$

Konzentrationselement

- Eine **Konzentrationszelle** besteht aus zwei gleichartigen Halbzellen, bei der nur die Konzentration des Elektrolyts unterschiedlich ist.

- Die Halbzelle, bei der die Ionenkonzentration des Elektrolyts niedriger ist, hat den höheren Lösungsdruck und liefert Elektronen (**Minuspol**).

- Setzt man 0,1-molare Ag^+-Ionenlösung ein und kombiniert mit einer Standard-Silberhalbzelle, beträgt die Differenz

$$\Delta E^0 = 0{,}80\,\text{V} - \left(0{,}80\,\text{V} + 0{,}059\,\text{V} \cdot \lg \frac{10^{-1}\,\frac{\text{mol}}{\text{l}}}{1\,\frac{\text{mol}}{\text{l}}}\right) = 0{,}83\,\text{V}$$
$$= 0{,}80\,\text{V} - (0{,}80\,\text{V} + 0{,}059\,\text{V}\,(-1))$$
$$= 0{,}80\,\text{V} - 0{,}80\,\text{V} + 0{,}059\,\text{V}$$
$$= 0{,}059\,\text{V}.$$

- Diese 0,059 V finden sich in der Nernst'schen Gleichung wieder und können durch die Kombination der genannten Halbzellen experimentell bestimmt werden.

Potenzialdifferenzen – Prognosen zu Redoxreaktionen

- Die Spannung oder Potenzialdifferenz ΔE^0, die ein galvanisches Element aus zwei Halbzellen liefert, kann berechnet werden:

  $$\Delta E^0 = E^0\ (\text{Pluspol}) - E^0\ (\text{Minuspol})$$

  oder

  $$\Delta E^0 = E^0\ (\text{Kathode}) - E^0\ (\text{Anode}).$$

- Der **Minuspol** liefert die Elektronen, ist also die Elektrode mit dem niedrigeren Standardpotenzial.

- Man kann mit der Spannungsreihe ermitteln, welche Stoffe eine freiwillige Redoxreaktion eingehen (auch ohne die Anordnung in einem galvanischen Element). Da, wie die Spannungsreihe in diesem Buch dargestellt wird, die Stoffe weiter unten links ihre Elektronen an Stoffe oben rechts abgeben, kann man ableiten, dass z. B. Zink seine Elektronen an H_3O^+-Ionen (bei pH = 0) abgibt und somit Wasserstoff und Zn^{2+}-Ionen entstehen. Silber steht aber oberhalb der Wasserstoff-Zeile und kann deshalb keine Elektronen an H_3O^+-Ionen abgeben, würde sie aber an Au^{3+}-Ionen abgeben.

Elektrolyse

- Möchte man die Redoxreaktionen **umkehren**, die in galvanischen Elementen freiwillig ablaufen, muss man mindestens diese Spannung anlegen, um die Redoxreaktion zu erzwingen und dem einen Partner Elektronen zu entreißen, um sie dem anderen zuzufügen.

- Man zersetzt dabei häufig eine Verbindung in ihre Elemente, führt also eine Analyse mit Hilfe von elektrischem Strom durch. Man nennt diese Reaktion deshalb Elektrolyse.

- Elektrolyse ist somit eine **erzwungene Redoxreaktion**.

- Bei der Elektrolyse von z. B. Zinkbromid wandern die Zink-Kationen zur Kathode (Minuspol) und nehmen dort Elektronen auf. Es bildet sich ein „Zinkbaum“ an der Elektrode. Die Bromid-Anionen wandern zur Anode (Pluspol), geben dort ihr Elektron ab und verbinden sich zu elementarem Brom.

Gegenspannung und Überspannung

- Die Elektrolyse von Zinkbromid beginnt im Prinzip sofort, wenn man eine kleine Spannung anlegt.

- Dann aber erhält man Zink an einer Elektrode in einer Zinkionenlösung sowie Brom an einer Elektrode in Bromidionen-Lösung, die als galvanisches Element eine **Gegenspannung** aufbauen (denn der Elektronenfluss findet freiwillig vom Zink zum Brom statt).

- Deshalb muss man die Spannung für die Elektrolyse so weit erhöhen, dass mindestens die Spannung des galvanischen Elements aufgebracht wird.

- An manchen Elektroden bleiben entstehende Gase besonders stark haften, so dass der Zutritt weiterer Ionen erschwert wird. Hier muss man zum Teil noch wesentlich höhere Spannungen (Überspannung/Überpotenzial) anlegen, um die Elektrolyse durchführen zu können.

- Die Überspannung/das Überpotenzial ist vom Material und der Größe der Elektrode abhängig.

- V.A. an **Graphitelektroden** haben Sauerstoff und Wasserstoff ein hohes Überpotenzial. Bei einer Elektrolyse von HCl mit Graphitelektroden bilden sich deshalb Wasserstoff und Chlor, obwohl ohne Berücksichtigung des Überpotenzials Sauerstoffentwicklung zu erwarten wäre.

Reihenfolge der Ionenentladung

- Liegen mehrere Ionensorten in einer Lösung vor, so bilden sich die Produkte zuerst, die sich am leichtesten oxidieren und reduzieren lassen, deren Potenzial also jeweils näher beieinander liegt.
- An der Anode findet die Oxidation der Anionen statt, deren Redoxpotential am kleinsten ist (am nächsten zu Null).
- An der Kathode nehmen die Kationen am leichtesten Elektronen auf, die das größte (positivste) Redoxpotenzial haben (ebenfalls die, deren Potenzial näher an Null liegt bzw. sogar darüber).
- Zu beachten ist, dass in wässrigen Lösungen auch die beiden Ionensorten H_3O^+ und OH^- vorliegen. Ihr Potenzial berechnet sich gemäß der Nernst'schen Gleichung:

  Bei pH 7 beträgt das Potenzial der Oxoniumionen ($H_2 + 2\,H_2O \rightleftharpoons 2\,H_3O^+ + 2\,e^-$)

  $$E\left(\frac{H_3O^+}{H_2}\right) = 0\,V + \frac{0{,}059\,V}{2}\lg\frac{1\,\frac{mol}{l}\cdot\left(10^{-7}\,\frac{mol}{l}\right)^2}{1\,\frac{mol}{l}} = -0{,}413\,V,$$

  das der Hydroxidionen ($4\,OH^- \rightleftharpoons O_2 + 2\,H_2O + 4\,e^-$)

  $$E(OH^-/O_2) = 0{,}40\,V + \frac{0{,}059\,V}{4}\lg\frac{1\,mol}{l}\cdot\frac{\frac{1\,mol}{l}}{(10^{-7})^4\,\frac{mol}{l}} = 0{,}813\,V.$$

- Liegt das Potenzial der Kationen unter −0,413 V, so entsteht bei einer Elektrolyse Wasserstoff, liegt das der Anionen über 0,813 V, bildet sich Sauerstoff.
- Allerdings muss man das Überpotenzial berücksichtigen und die geeigneten Elektroden wählen.

Chlor-Alkali-Elektrolyse

- Die Chlor-Alkali-Elektrolyse wird eingesetzt, um Chlorgas, Natronlauge und Wasserstoff aus Kochsalzlösung zu gewinnen.

- **Kathodenreaktion**
  Wasser dissoziiert:
  $$4\ H_2O \rightleftharpoons 2\ H_3O^+ + 2\ OH^-$$
  Oxoniumionen werden reduziert:
  $$2\ H_3O^+ + 2\ e^- \longrightarrow H_2 + 2\ H_2O$$
  Gesamtreaktion im Kathodenraum:
  $$2\ H_2O + 2\ e^- \longrightarrow H_2 + 2\ OH^-$$

- **Anodenreaktion**
  Dissoziierung/Lösung von NaCl in Wasser:
  $$2\ NaCl \longrightarrow 2\ Na^+ + 2\ Cl^-$$
  Chloridionen werden oxidiert:
  $$2\ Cl^- \longrightarrow Cl_2 + 2\ e^-$$
  Gesamtreaktion im Anodenraum:
  $$2\ NaCl \longrightarrow 2\ Na^+ + Cl_2 + 2\ e^-$$

- **Gesamtreaktion**: $2\ NaCl + 2\ H_2O \longrightarrow 2\ NaOH + Cl_2 + H_2$

- Mehrere Verfahren sind möglich, wobei die Chlorbildung und die Wasserstoffbildung streng getrennt ablaufen müssen, außerdem sollte Chlor nicht in die Natronlauge gelangen, da sich sonst ein Gemisch aus Chlorid und Hypochlorit bildet.

- Veraltete und für die Umwelt bedenkliche Verfahren sind das Diaphragmaverfahren und das Amalgamverfahren.

- Gebräuchlich ist heute das **Membranverfahren**: Eine Membran ist für Anionen wie OH^- oder Cl^- undurchlässig, wohingegen die positiv geladenen Na^+-Ionen hindurch gelangen. Aufgrund der Undurchlässigkeit für Cl^--Ionen entsteht eine kaum durch Natriumchlorid verunreinigte 30 – 33 %-ige Natronlauge.

Aluminiumgewinnung durch Schmelzflusselektrolyse

- Aluminium hat ein sehr niedriges Standardpotenzial. In wässrigen Lösungen würde sich immer zuerst Wasserstoff abscheiden anstatt Aluminium.

- Deshalb wird Aluminium durch die Elektrolyse aus einer **Schmelze** gewonnen.

- Man verwendet ein Gemisch aus Aluminiumoxid (Al_2O_3) und Kryolith ($Na_3[AlF_6]$), da dieses Gemisch einen relativ niedrigen Schmelzpunkt von 963 °C besitzt.

- Bei der Elektrolyse entsteht an der den Boden des Gefäßes bildenden Kathode Aluminium ($Al^{3+} + 3\ e^- \longrightarrow Al$) und an der Anode Sauerstoff ($2\ O^{2-} \longrightarrow O_2 + 4\ e^-$), der mit dem Graphit (Kohlenstoff) der Anode zu Kohlenstoffdioxid und Kohlenstoffmonoxid reagiert.

- Deshalb brennen die **Graphitblöcke**, welche die Anode bilden, langsam ab und werden von Zeit zu Zeit ersetzt.

- Die Graphitkathode (Gefäßboden) ist gegenüber Aluminium unempfindlich, so dass man das sich am Boden sammelnde flüssige Aluminium absaugen kann.

- Der Prozess ist sehr **energieaufwändig**. Pro produziertem Kilogramm Rohaluminium müssen 12,9 bis 17,7 Kilowattstunden an elektrischer Energie eingesetzt werden.

Faraday-Gesetze

- Um abzuschätzen, wie viel eines Stoffes bei einer bestimmten Stromstärke durch Elektrolyse gewonnen werden kann, benötigt man die Gesetze von Faraday.

- Die **Stoffmenge** n, die an einer Elektrode während der Elektrolyse abgeschieden wird, ist proportional zur elektrischen Ladung, die durch den Elektrolyten geschickt wird. Für die Abscheidung einer Stoffmenge n eines z-fach geladenen Ions benötigt man die Ladung $Q = n \cdot z \cdot F$. F steht für die Faraday-Konstante:

  $$F = 96\,485 \frac{\mathrm{A \cdot s}}{\mathrm{mol}}.$$

- Q lässt sich auch berechnen durch $Q = I \cdot t$ (I: Stromstärke, t: Zeit).

- Umgestellt berechnet sich so die Stoffmenge n nach

  $$n = \frac{I \cdot t}{z \cdot F}.$$

- Über die molare Masse M oder das molare Volumen V_m kann man aus der Stoffmenge n die abgeschiedenen Massen bzw. Volumina der Produkte berechnen.

Galvanisches Element – Elektrolyse

- Die Prozesse, die in einem galvanischen Element ablaufen, kann man prinzipiell durch die Elektrolyse wieder umkehren.
- Das galvanische Element erzeugt Spannung, bei der Elektrolyse muss man Spannung anlegen, weil die Reaktionen im galvanischen Element freiwillig ablaufen und bei der Elektrolyse erzwungen werden.
- Beim galvanischen Element liefert die eine Elektrode Elektronen nach außen, bildet also den Minuspol. Bei der Elektrolyse „pumpt" man die Elektronen wieder in diese Elektrode hinein, sie ist also ebenfalls der Minuspol.
- Für die Bezeichnungen Anode und Kathode gilt:
  Die Anode ist der Pol, an dem oxidierende Prozesse ablaufen, die Kathode ist der Pol, an dem reduzierende Prozesse ablaufen.
- Bei der Elektrolyse werden im System die Kationen an der Kathode (und am Minuspol) reduziert, die Anionen an der Anode (und am Pluspol) oxidiert. Beim galvanischen Element ist aber der Stromfluss umgekehrt. An der Anode findet die Oxidation freiwillig statt. Dort treten deshalb Elektronen aus dem System aus, sie ist nun der Minuspol. An der Kathode reduzieren sich Ionen oder Moleküle, sie nehmen Elektronen auf, die freiwillig dorthin fließen, deshalb ist dort der Pluspol.

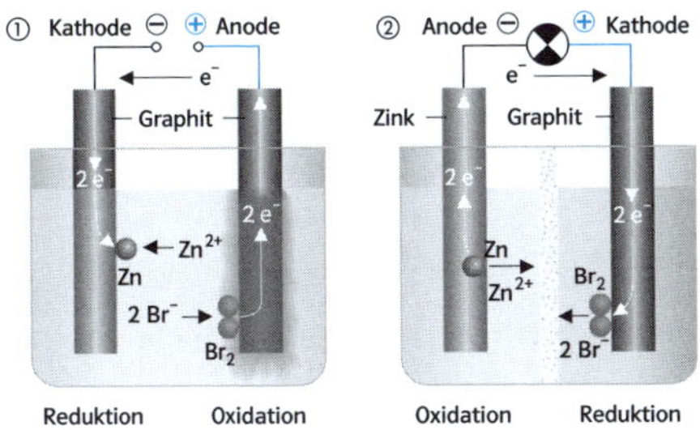

① *Elektrolysezelle*
② *galvanisches Element*

Batterien und Akkus

- Die freiwillig ablaufenden Prozesse in galvanischen Elementen kann man nutzen, um Strom zu erzeugen. Die Spannung wird dabei durch die kombinierten Halbzellen bestimmt.
- Für höhere Spannungen muss man mehrere Elemente hintereinander schalten. Dadurch erhält man eine „Batterie" wie in einer 9V-Blockbatterie.
- Umgangssprachlich wird als **Batterie** auch eine einzelne Zelle bezeichnet. Man versteht darunter nicht wieder aufladbare Elemente. Man nennt sie auch Primärelemente.
- Kann man den Prozess des Entladens durch Anlegen einer Spannung umkehren, spricht man von einem **Akkumulator** („Akku"). Diese Elemente heißen auch Sekundärelemente.
- Beispiele für **Primärelemente** sind die Alkali-Mangan-Batterie (häufig in AA- und AAA-Batterien), die Zink-Luft-Batterie (oft in Knopfzellen) oder die Silberoxid-Zinkbatterie (ebenfalls in Knopfzellen).
- **Sekundärelemente** sind z. B. der Lithium-Ionen-Akku (Handys, Kameras, Laptops), der Nickel-Metallhydrid-Akkumulator (NiMH), der häufig als Ersatz für AA- und AAA-Batterien angeboten wird oder der Bleikakku, der z. B. als Starter„batterie" im Auto verwendet wird.

Alkali-Mangan-Batterie

- Diese Batterie ist eine Weiterentwicklung des Leclanché-Elements, der Zink-Kohle-Batterie. Als Elektronenquelle dient Zink, das Oxidationsmittel ist **Mangandioxid** (Braunstein).

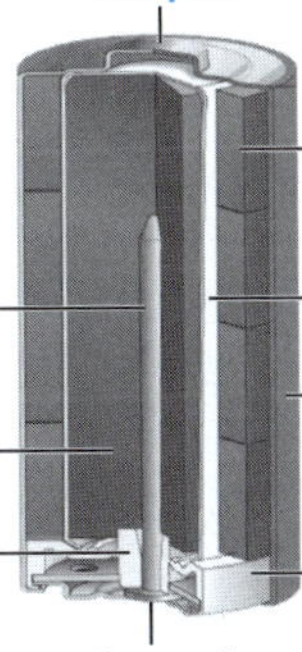

- Die Batterie muss so konstruiert sein, dass die Elektronen nicht direkt übertragen werden, deshalb sind die beiden Pole durch Separatoren voneinander isoliert.

- Die entstehenden Stoffe dürfen nicht gasförmig sein, sonst platzt die Zelle. Auch das Entstehen von Wasser ist unerwünscht, sonst läuft die Batterie aus.

- Die ablaufenden **Reaktionen** in der Alkali-Mangan-Zelle sind:

  Minuspol: $Zn + 4\ OH^- \longrightarrow [Zn(OH)4]^{2-} + 2\ e^-$

  Pluspol: $2\ MnO_2 + 2\ H_2O + 2\ e^- \longrightarrow 2\ MnO(OH) + 2\ OH^-$

- Wegen der benötigten Hydroxid-Ionen enthält die Batterie **Kalilauge**. Diese tritt bei zu lange gelagerten Batterien aus und kann das Gerät beschädigen.

- Das Zinkpulver kann mit der Lauge Wasserstoff bilden. Deshalb ist ein Überdruckventil eingebaut.

Zink-Silberoxid-Batterie

- Sie ersetzt die früher üblichen Quecksilberoxid-Zink-Batterien und wird als Knopfzelle eingesetzt.
- Die Spannung von ca. 1,55 V bleibt über dem gesamten Entladungsprozess konstant.
- An der Kathode wird Silber(I)-oxid reduziert, an der Anode Zink oxidiert:

Kathode: $Ag_2O + H_2O + 2\,e^- \longrightarrow 2\,Ag + 2\,OH^-$

Anode: $Zn \longrightarrow Zn^{2+} + 2\,e^-$

Gesamt: $Ag_2O + H_2O + Zn \longrightarrow 2\,Ag + Zn(OH)_2$

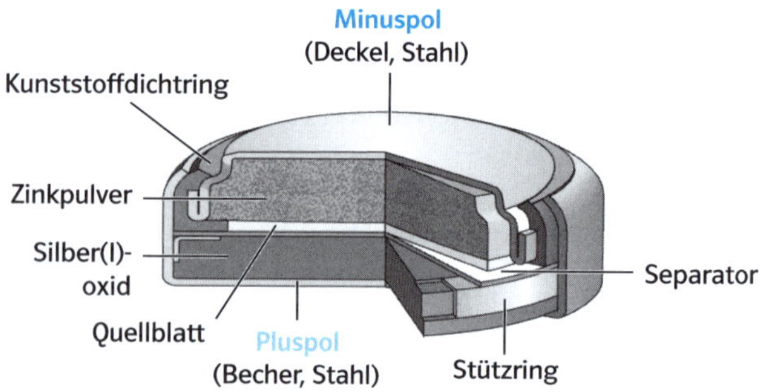

Bleiakkumulator

- Der Haupteinsatzort dieses Akkus ist in Fahrzeugen als **Starterbatterie.** Es sind dort meist sechs Plattenblöcke mit der Nennspannung von 2 V hintereinander geschaltet, so dass man die üblichen 12 V erhält. In einem Block sind mehrere Reaktionseinheiten parallel geschaltet, um die Stromstärke zu erhöhen.

- Als Elektrolyt fungiert **Schwefelsäure.** Oxidiert wird Blei, reduziert wird Blei(IV)-oxid. An beiden Elektroden entsteht dabei Pb^{2+}, welches mit den Sulfat-Ionen der Schwefelsäure schwerlösliches Bleisulfat bildet, das an den Elektroden haftet. So kann man den Prozess durch Anlegen einer Spannung wieder umkehren.

- **Entladung** (Ladungsprozesse verlaufen umgekehrt)

  Minuspol: $Pb + SO_4^{2-} \rightleftharpoons PbSO_4 + 2\,e^-$

  Pluspol: $PbO_2 + 4\,H_3O^+ + SO_4^{2-} + 2\,e^- \rightleftharpoons PbSO_4 + 6\,H_2O$

- Beim Entladen wird Schwefelsäure verbraucht und es bildet sich Wasser. Damit sinkt die Dichte der Batteriesäure. Das kann man mit einem „Batterieprüfer“ feststellen und damit den Ladezustand messen.

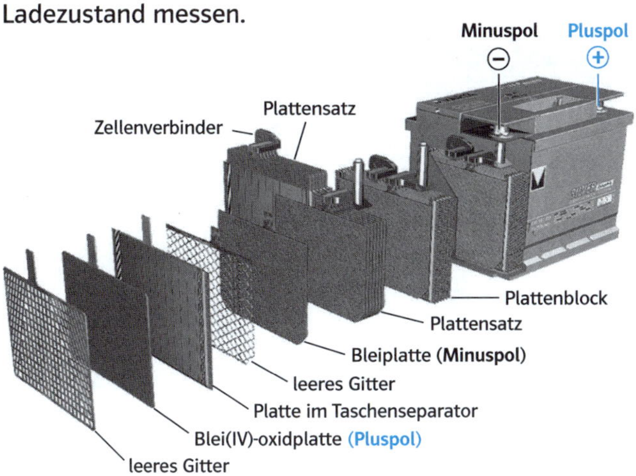

Lithium-Ionen-Akkumulator

- Diese Akkus gehören mit einer Spannung von 3,8 V zu den Akkumulatoren mit der höchsten Spannung. Sie werden z. B. in Mobiltelefonen, Laptops und Tablets verwendet.

- Beim Laden und Entladen wandern im Akkumulator Lithium-Ionen zwischen den Elektroden durch einen Separator hindurch, der nur für diese Ionen durchlässig ist.

- Als **Minuspol** dient eine Graphitelektrode, in die sich die Lithium-Ionen einlagern können, wenn beim Laden über eine ableitende Elektrode Elektronen zugeführt werden.

- Der **Pluspol** ist eine Metalloxidelektrode mit eingelagerten Lithium-Ionen. Werden Elektronen über die ableitende Elektrode abgezogen, verlassen auch die Lithium-Ionen diese Elektrode in Richtung Minuspol.

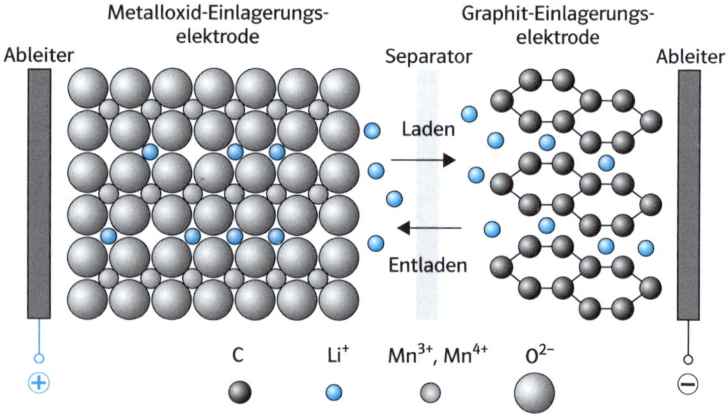

Brennstoffzelle

- Bei der Brennstoffzelle werden die Reaktionspartner ständig von außen zugeführt.
- Im Wesentlichen wird die **Wasserstoff-Sauerstoff-Zelle** eingesetzt. In ihr findet die Synthese von Wasser in getrennten Reaktionsräumen statt, so dass man die Energie der Knallgasreaktion zur Stromerzeugung nutzen kann.
- In modernen Brennstoffzellen wird eine PEM (*protone exchange membrane*) eingesetzt. Sie besteht aus einem Polymer, dass nur für Protonen durchlässig ist. Sie trennt zwei Elektroden, die Elektronen zu- und abführen und katalytisch wirken.
- Beim **Entladen** finden folgende Vorgänge statt:

  Minuspol: $2\,H_2 \rightleftharpoons 4\,H^+ + 4\,e^-$

  Pluspol: $O_2 + 4\,H^+ + 4\,e^- \rightleftharpoons 2\,H_2O$

- Die am Minuspol entstehenden Protonen durchdringen die PEM und reagieren am Pluspol mit Sauerstoff aus der Luft und den Elektronen zu Wasser, welches das einzige, umweltfreundliche Produkt bildet.

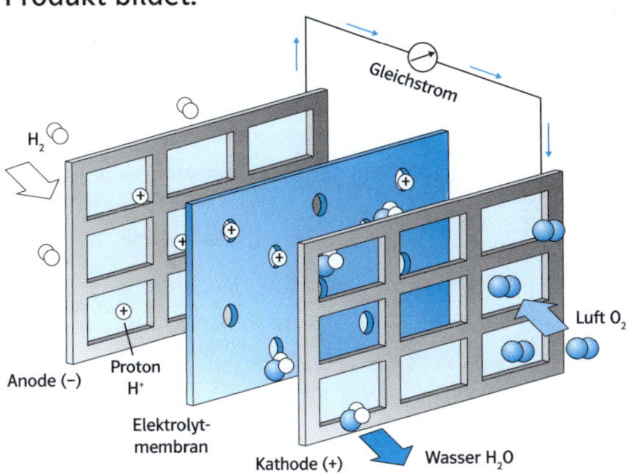

Wasserstoffkorrosion und Sauerstoffkorrosion

- Wird ein unedles Metall von Säure bedeckt (z. B. Werkstoffe, die von Regenwasser bedeckt werden, das durch Kohlensäure Oxoniumionen enthält), so geben die Metallatome Elektronen an die Oxoniumionen in der Säure ab und lösen sich. Es bildet sich Wasserstoff: $2\,H_3O^+ + 2\,e^- \longrightarrow H_2 + 2\,H_2O$.

  Diese Art der Korrosion nennt man auch **Säurekorrosion.**

- In neutralen oder basischen Lösungen nimmt eher der im Wasser gelöste Sauerstoff die Elektronen auf und bildet Hydroxid-Ionen: $O_2 + 2\,H_2O + 4\,e^- \longrightarrow 4\,OH^-$.

  Diese Art der Korrosion nennt man auch **Sauerstoffkorrosion.**

- Sauerstoffkorrosion tritt beim **Rosten von Eisen** auf. Die entstehenden Eisenionen reagieren mit den Hydroxidionen zu einem Niederschlag, der mit Sauerstoff noch weiter zu „Rost" reagiert, dem Eisen(III)-Hydroxid-oxid FeO(OH). Diese rotbraune Verbindung ist spröde, porös und blättert ab, so dass das darunterliegende Eisen weiter der Korrosion ausgesetzt ist.

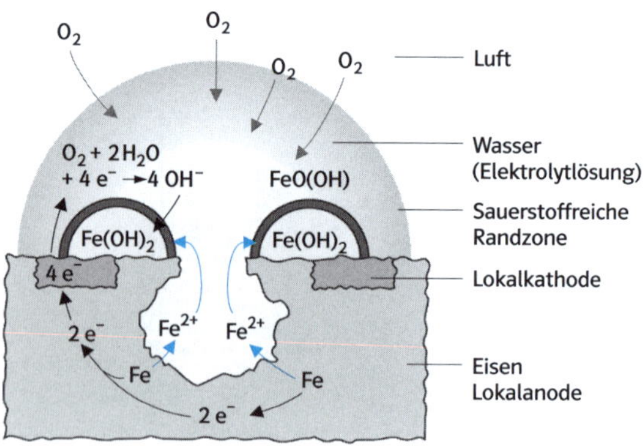

Lokalelemente

- Wenn sich zwei unterschiedliche Metalle berühren und in wässriger Lösung liegen, bildet sich ein Lokalelement. Es beschleunigt die Korrosion.

- Denn dabei gibt das unedlere Metall seine Elektronen an das edlere ab, dieses reicht sie an Oxoniumionen oder Sauerstoff weiter. Die entstehenden Kationen des unedlen Metalls behindern so nicht den Zutritt dieser Stoffe.

- Enthält die Lösung noch weitere Ionen durch Salze, wird die Korrosion noch stärker beschleunigt durch die erhöhte Leitfähigkeit des Elektrolyten.

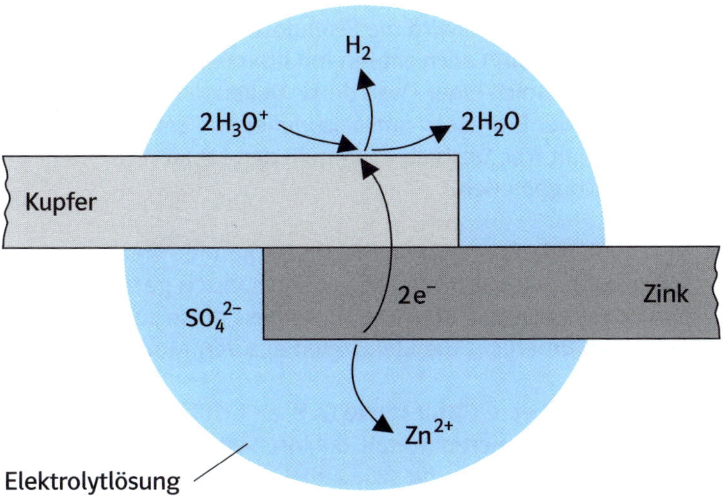

Zink-Kupfer-Lokalelement

Korrosionsschutz

- Um den wirtschaftlichen Schaden durch Korrosion gering zu halten, versucht man die Metalle davor zu schützen.

- Man schützt durch **Überzüge** aus unempfindlichen Stoffen wie Lacken oder Kunststoffbeschichtungen. Auch das Phosphatieren von Eisen schützt durch die fest anhaftende Eisenphosphatschicht das darunterliegende Eisen.

- Die **Verzinkung** wendet man heute zusätzlich bei Autokarosserien aus Eisen an. Wird der Lack verletzt, geht zuerst das Zink in Lösung und schützt durch Abgabe der Elektronen das edlere Eisen.

- Bei Weißblechdosen wird die Eisendose verzinnt. Zinn ist edler als Eisen und kann auch sauren Inhalten der Dose widerstehen. Wird aber in solch einer Dose durch Dellen der Überzug verletzt, korrodiert der Eisenkern umso schneller und setzt Eisenionen in den Inhalt frei. Deshalb kann man den Inhalt nicht mehr unbedenklich genießen.

- Durch Anschließen an eine **Gleichstromquelle** werden z. B. Metallrohre, die im Boden liegen, kathodisch geschützt. Man pumpt Elektronen in das Metall, so dass diese zur Reduktion beitragen und nicht die Elektronen aus den Metallatomen.

- Ähnlich wirkt eine **Opferanode** (z. B. an Schiffsrümpfen) aus einem noch unedleren Metall, die ihrerseits Elektronen auf das Werkstück überträgt und sich selbst auflöst (also „opfert"). Man muss sie regelmäßig ersetzen.

Konstitutionsisomerie und Stereoisomerie

- Wegen der Vierbindigkeit des Kohlenstoffatoms lassen sich die Kohlenstoffatome in Kohlenwasserstoffen mit gleicher Summenformel häufig auf verschiedene Weise verknüpfen.

- Zwei unterschiedliche Verbindungen mit der gleichen Summenformel nennt man **Isomere**.

- Bei den Kohlenwasserstoffen findet man durch die unterschiedliche Anordnung des Kohlenstoffgerüstes vor allem die **Strukturisomerie**, auch Konstitutionsisomerie genannt.

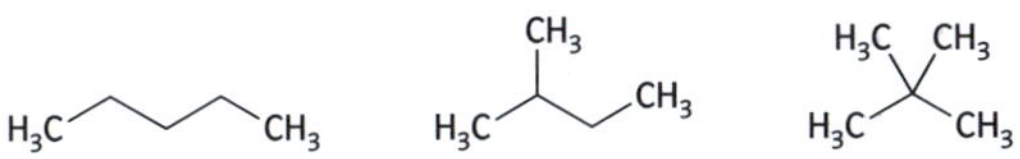

Strukturisomere des Pentans

- Unterscheidet sich nur die räumliche Anordnung der Atome, während die Verknüpfungsreihenfolge gleich ist, spricht man von **Stereoisomerie**.

- Moleküle mit einer Doppelbindung können Stereoisomere bilden, man nennt sie *E*-Isomere (entgegen) oder *Z*-Isomere (zusammen). Auch die Bezeichnungen *trans*- und *cis*-Isomere sind gebräuchlich.

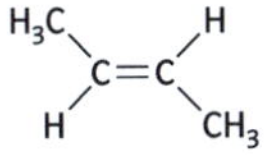

E-2-Buten

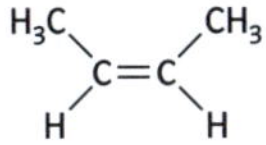

Z-2-Buten

Konformation

- Die Konformation von Verbindungen ist eine besondere Form der Isomerie. Verschiedene Konformere einer Verbindung lassen sich durch Drehen um Einfachbindungen ineinander überführen. Bei Zimmertemperatur reicht dazu die Energie der Umgebung fast immer aus und die verschiedenen Konformere gehen ineinander über.

- Man kann verschiedene Konformationen durch zwei Darstellungsweisen zeigen, in der „Sägebockdarstellung" und in der „Newman-Projektion".

- Bei der **Sägebockdarstellung** des Ethans befinden sich die beiden C-Atome auf einer Linie, die H-Atome zeigen im 60°-Winkel nach oben, unten rechts oder unten links. So ergibt sich die Form eines Sägebocks.

- Bei der **Newman-Projektion** stellt man sich vor, dass man von vorne auf das Molekül blickt. Der große Kreis stellt das vordere C-Atom dar, von dem die drei Bindungen zu den H-Atomen ausgehen. Es verdeckt das hintere C-Atom, man sieht nur noch die Bindungen der drei H-Atome.

- Stehen die H-Atome so voreinander, nennt man die Konformation verdeckt oder ekliptisch.

- Die H-Atome können aber im anderen Extremfall auch auf Lücke stehen: gestaffelt nennt man diese Konformation.

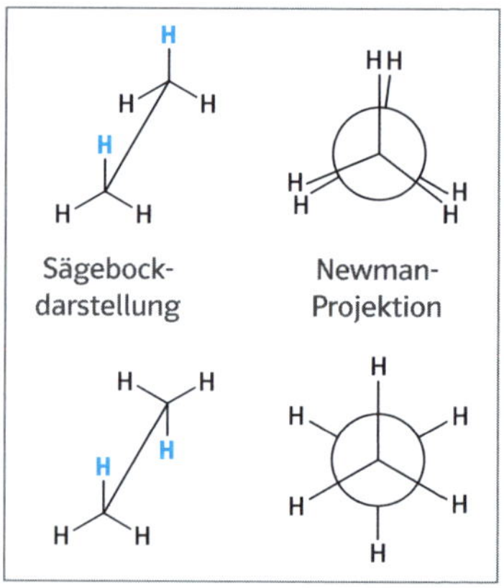

Nomenklatur der Kohlenwasserstoffe

- Die Benennung eines Kohlenwasserstoffes geht zunächst von der längsten **unverzweigten Kohlenstoffkette** aus. Der Name des entsprechenden Kohlenwasserstoffs bildet den Basisnamen.

- Die Endung gibt an, ob in der Kette nur Einfachbindungen (-an), zusätzlich Doppelbindungen (-en) oder Dreifachbindungen (-in) vorhanden sind.

- Besitzt die Grundkette vier C-Atome, die nur mit Einfachbindungen verknüpft sind, heißt sie Butan, ist Bindung 1 eine Doppelbindung lautet der Name 1-Buten. Es wird dabei so gezählt, dass die Doppelbindung eine möglichst kleine Zahl erhält, also 1-Buten und nicht 3-Buten.

- Eine **Verzweigung** wird als Substituent betrachtet, er bekommt die Endung „-yl“, z. B. Methyl- ($-CH_3$), Ethyl- ($-CH_2-CH_3$) oder Ethenyl-Reste ($-CH=CH_2$).

- Die Stellung des Substituenten wird durch eine vorgestellte Zahl angegeben. Hier wird die Nummerierung so gewählt, dass der Substituent (bzw. die Substituenten) eine möglichst kleine Stellungsnummer erhalten. Wurde jedoch bereits aufgrund von Mehrfachbindungen nummeriert, hat diese Reihenfolge Vorrang!

- Sind mehrere gleichartige Substituenten vorhanden, kommt eine entsprechende Vorsilbe dazu. Di- für zwei Substituenten gleicher Art, tri-, tetra-, penta-, hexa-, ... für drei, vier, fünf oder sechs gleichartige Substituenten.

- Sind mehrere Doppelbindungen oder Dreifachbindungen vorhanden, verwendet man auch diese Vorsilben, z. B. beim 1,3-Butadien.

Alkane, homologe Reihe, Bedeutung

- Alkane sind Kohlenwasserstoffe, die nur **Einfachbindungen** besitzen.

- Ausgehend vom CH_4 mit einem C-Atom beginnt die **homologe Reihe** der Kohlenwasserstoffe, bei der sich die Zahl der C-Atome um jeweils eines erhöht: Methan, Ethan, Propan, Butan, Pentan, Hexan, Heptan, Octan, Nonan, Decan, Undecan, …

- Kohlenwasserstoffe sind **unpolar**. Dies hat Auswirkungen auf ihre Eigenschaften. Alkane sind wegen ihres unpolaren Charakters nicht in Wasser löslich. Sie sind **hydrophob** („wasserfeindlich"). Dagegen lösen sie sich in anderen unpolaren Stoffen wie z. B. Fetten. Sie sind somit **lipophil** („fettfreundlich").

- Die Schmelzpunkte und die Siedepunkte der Kohlenwasserstoffe sind vergleichsweise niedrig. Die unpolaren Moleküle halten nur durch Van-der-Waals-Kräfte zusammen, die schwach sind. Insgesamt gilt, dass Schmelzpunkte und Siedepunkte umso höher sind, je größer die Moleküloberfläche und je stärker damit die Van-der-Waals-Kräfte sind. Die Moleküloberfläche verringert sich mit dem Verzweigungsgrad.

- Bei Zimmertemperatur sind die Alkane Methan, Ethan, Propan und Butan gasförmig. Die Alkane Pentan bis Hexadecan sind flüssig, noch längerkettige Alkane sind fest.

- Alkane haben große Bedeutung als fossile Brennstoffe (z. B. Erdgas, Benzin, …) und werden aus **Erdöl** durch fraktionierte Destillation gewonnen.

Entstehung, Reinigung

- Erdöl hat sich vor Jahrmillionen aus den Resten von marinen Kleinstlebewesen gebildet, die auf den Meeresgrund absanken, dort wegen Sauerstoffmangel nur unvollständig abgebaut wurden und dann durch Überlagern mit anderen Sedimenten höherem Druck und höherer Temperatur ausgesetzt waren. Unter diesen Bedingungen bildeten sich die organischen Moleküle zu **Kohlenwasserstoffen** um.

- Da Erdöl ein **Gemisch** aus den verschiedensten Kohlenwasserstoffen und anderen Beimengungen ist, muss man es in Raffinerien in seine Bestandteile auftrennen, um es sinnvoll verwenden zu können.

- Das geförderte Erdöl wird meist noch vor Ort von Wasser und Sand befreit.

- In der **Raffinerie** wird es durch zwischenzeitliches Beimengen von Wasser entsalzt, damit die Anlagen nicht vorzeitig korrodieren.

Fraktionierte Destillation

- Das Gemisch aus verschiedenen Kohlenwasserstoffen wird stark erhitzt und dadurch zum **Sieden** gebracht. In einem Destillationsturm durchströmt das Gas in vielen Ebenen verschiedene Glockenböden. Nach oben hin fällt die Temperatur, so dass sich in den verschiedenen Ebenen entsprechend der Temperatur jeweils eine „Fraktion" flüssiger Kohlenwasserstoffe sammelt.

- Ganz oben werden die immer noch gasförmigen Produkte abgegriffen.

- In den wärmeren Bereichen sammeln sich Leichtbenzine, Kerosin, Petroleum, Dieselöl, Heizöl und darunter Schweröl.

- Zurück bleiben Schmieröle, Bitumen, Teer und Wachse.

- Um dieses Gemisch noch weiter aufzutrennen, führt man eine **Vakuumdestillation** durch. Im Vakuum ist die Siedetemperatur der schwer flüchtigen Substanzen herabgesetzt, so dass man sie doch noch trennen kann und sie sich nicht wegen zu großer Hitze zersetzen.

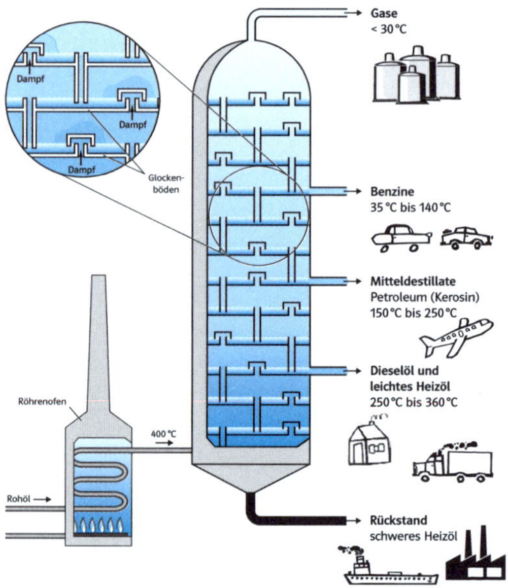

Cracken, Reforming

- Da der Anteil des Benzins aus der Destillation im Verhältnis zum Bedarf zu gering ist, erzeugt man aus den weniger benötigten langkettigen Kohlenwasserstoffen durch das Cracken mehr **Benzin**.

- Durch hohe Temperaturen, Katalysatoren oder Wasserstoffzufuhr werden die langen Kohlenwasserstoffketten in kürzere Ketten zerlegt. Dabei bildet sich an einem Ende eines so entstehenden kurzkettigen Kohlenwasserstoffs eine Doppelbindung.

- Moderne Motoren benötigen Benzin mit einer hohen **Octanzahl**, damit das Benzin nicht vorzeitig im Kolben explodiert, sondern besonders klopffest ist. Dazu tragen verzweigte Alkane und aromatische Kohlenwasserstoffe bei. Deshalb ist es das Ziel beim **Reforming**, den Anteil dieser Verbindungen im Benzin zu erhöhen.

- Unter hohem Druck und ca. 500 °C und mit Einsatz von Katalysatoren erreicht man, dass sich lineare Kohlenwasserstoffe zu verzweigten Kohlenwasserstoffen umlagern, dass sich Wasserstoff aus cyclischen Kohlenwasserstoffen abspaltet und so auch Aromaten wie Benzol entstehen und dass sich cyclische Verbindungen aus linearen Edukten bilden.

Radikalische Substitution der Alkane

- Alkane reagieren bei Belichtung unter Bildung von Halogenwasserstoff zu Halogenalkanen. Die Reaktion verläuft sehr unspezifisch, da alle Wasserstoffatome eines Alkans substituiert werden können:

$$C_nH_{2n+2} + X_2 \longrightarrow C_nH_{2n+1}X + HX.$$

- **Startreaktion**: Licht spaltet das Halogen in zwei Radikale.

- **Kettenreaktion**: Das Radikal entreißt dem Alkan ein H-Atom (und ist damit kein Radikal mehr). Damit ist aber das Alkan zu einem Alkyl-Radikal geworden. Es entreißt seinerseits einem Halogenmolekül ein Atom, so dass wieder ein Halogen-Radikal entsteht. Dies könnte immer so weiter gehen, bis alle Edukte verbraucht sind, aber es kommt auch zu Abbruchreaktionen.

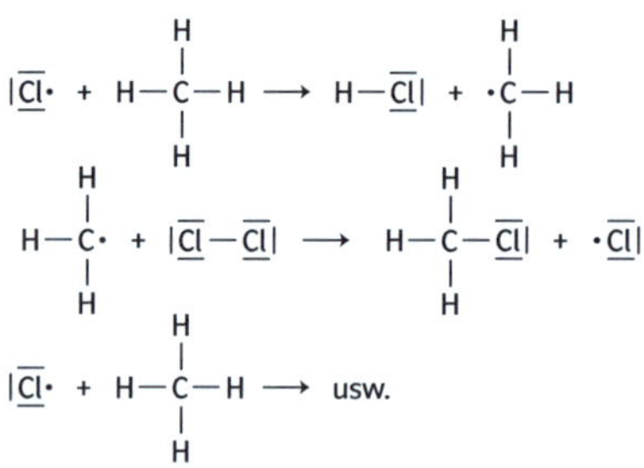

- **Kettenabbruch**: Die Kettenreaktionen werden unterbrochen, wenn zwei Radikale miteinander reagieren, z. B. zwei Halogenradikale, Halogenradikal mit Alkylradikal oder zwei Alkylradikale. Deshalb hört die Reaktion nach Beenden der Belichtung auch nach kurzer Zeit auf.

Elektrophile Addition der Alkene und Alkine

- Beispielreaktion einer elektrophilen Addition ist die Reaktion von Ethan mit Brom.

- Zu Beginn nähert sich das Brommolekül der Doppelbindung. Diese **polarisiert** das Molekül, so dass ein positiviertes Bromatom entsteht und ein Bromatom mit negativer Teilladung.

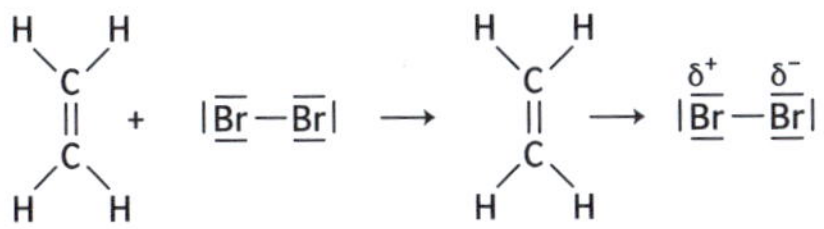

- Das positivierte Atom ist besonders elektrophil, also elektronenliebend. Brom wird heterolytisch gespalten (in zwei ungleiche Teile). Br^+ geht eine Bindung mit dem Alken ein. Es bildet sich ein zirkularisiertes **Bromonium-Ion** mit positiver Ladung am Bromatom. Dies zieht aber die bindenden Elektronenpaare von den beiden C-Atomen stark zu sich, so dass diese ebenfalls positiviert sind. Außerdem entsteht ein Bromid-Ion.

- Das Bromid-Ion greift das Bromonium-Ion von der Rückseite her an einem der C-Atome an. Hier handelt es sich um einen nukleophilen Angriff („kernliebend", also positive Ladungen liebend). Das positivierte Bromatom nimmt ein bindendes Elektronenpaar als freies Elektronenpaar zu sich. So sind beide Atome an die Doppelbindung addiert worden.

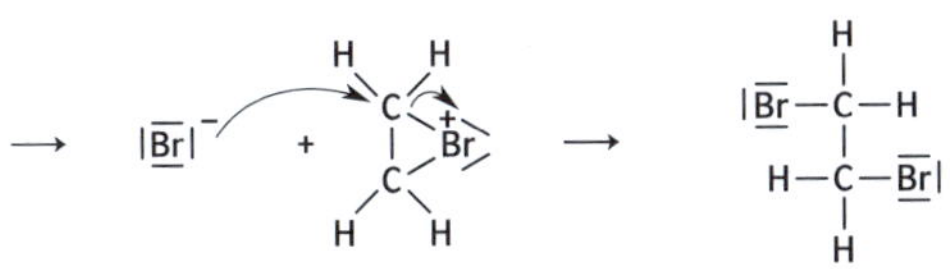

Bromoniumion 1,2-Dibromethan

- Auch andere Verbindungen können an die Doppelbindung addiert werden, z. B. Halogenwasserstoff zu einem Chloralkan oder Wasser, so dass sich ein Alkohol bildet.

Funktionelle Gruppe, Benennung

- Alle Kohlenwasserstoffe werden durch funktionelle Gruppen zu anderen organischen Verbindungsklassen umgewandelt.

- Die funktionelle Gruppe der **Alkohole** (oder Alkanole) ist die Hydroxy(l)-Gruppe —OH. So ist der einfachste Alkohol das Methanol $H_3C—OH$.

- An einem C-Atom kann nur eine Hydroxylgruppe sitzen (Verbindungen mit mehr als einer Hydroxylgruppe pro C-Atom sind instabil).

- Der **Name** eines Alkohols wird vom entsprechenden Kohlenwasserstoff abgeleitet. Er bekommt die Endung -ol.

- Die **Position** der Hydroxylgruppe ist vorrangig vor der Position eventueller Doppelbindungen. Man gibt sie entweder vor dem Namen an oder setzt sie bei Mehrdeutigkeit zwischen den Stammnamen und die Endung. Bei mehreren —OH-Gruppen verwendet man die Vorsilben di-, tri- etc.

- Besitzt ein Alkohol mehrere OH-Gruppen (an verschiedenen C-Atomen), so nennt man ihn **mehrwertig**, also zweiwertig mit zwei OH-Gruppen, dreiwertig bei drei OH-Gruppen etc.

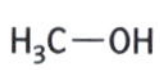

Methanol

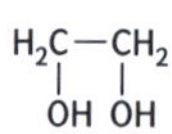

1,2-Ethandiol

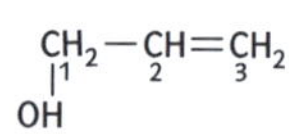

2-Propen-1-ol

Verwendung, Eigenschaften

- **Ethanol** wird seit langem durch alkoholische Gärung als Genussmittel hergestellt und verwendet. Er dient auch als Lösungsmittel für viele Stoffe, z. B. in Arzneimitteln oder in Kosmetika. Außerdem kann man Ethanol als Treibstoff einsetzen.

- 2-Propanol oder **Isopropanol** ist ebenfalls ein sehr wichtiges Lösungsmittel.

- Ethandiol (**Glykol**) wird als Frostschutzmittel eingesetzt, Propantriol (**Glycerin**) kann man wegen seiner hygroskopischen Wirkung als Feuchthaltemittel in Lebensmitteln, Tabak oder in Kosmetika verwenden.

- Die Hydroxylgruppe ist wegen des elektronegativen Sauerstoffatoms stark polar. Deshalb können Alkohole **Wasserstoffbrückenbindungen** untereinander ausbilden. Wegen dieser starken Wechselwirkungen sind die Schmelzpunkte und die Siedepunkte der Alkohole viel höher als die der Alkane mit vergleichbarer Masse.

- Wegen der **Hydroxylgruppe** sind die kürzerkettigen Alkohole (Methanol, Ethanol und Propanol) in Wasser löslich, da sie ebenfalls durch Wasserstoffbrückenbindungen Wechselwirkungen mit den Wassermolekülen ausbilden können. Wenn der **unpolare Alkylrest** aber länger wird, überwiegt dessen Anteil und der Alkohol löst sich nicht oder nur sehr wenig in Wasser.

- Sehr langkettige Alkohole („Fettalkohole“) lassen sich nicht in Wasser lösen. Sie sammeln sich an der Oberfläche und ragen mit der Hydroxylgruppe ins Wasser und mit dem Alkylrest in die Luft.

- Wegen ihres unpolaren Alkylrestes lösen sich Alkohole aber auch in unpolaren Lösungsmitteln.

Reaktionen – Oxidierbarkeit

- Für die Oxidierbarkeit eines Alkohols spielt es eine große Rolle, an welchem C-Atom die Hydroxylgruppe sitzt.
- Man unterscheidet primäre, sekundäre und tertiäre Alkohole: Bei den primären Alkoholen hat das C-Atom mit der Hydroxylgruppe keinen oder nur einen weiteren Kohlenstoffnachbarn, bei sekundären Alkoholen zwei und bei tertiären Alkoholen drei.
- Durch milde Oxidationsmittel wie Dichromat-Ionen ($Cr_2O_7^{2-}$) werden primäre Alkohole zu **Aldehyden** oxidiert und sekundäre zu **Ketonen**. Tertiäre Alkohole können so nicht oxidiert werden.
- Durch die Reduktion durch primäre oder sekundäre Alkohole entstehen aus den orangen Dichromat-Ionen grüne Chrom-III-Ionen (Cr^{3+}).

$$H_3C-\overset{-I}{C}H_2-OH + H_2O \longrightarrow H_3C-\overset{+I}{C}(=O)H + 2\,e^- + 2\,H_3O^+ \quad |\cdot 3$$

$$Cr_2O_7^{2-} + 6\,e^- + 14\,H_3O^+ \longrightarrow 2\,Cr^{3+} + 21\,H_2O$$

$$3\,H_3C-CH_2-OH + Cr_2O_7^{2-} + 8\,H_3O^+ \longrightarrow 3\,H_3C-C(=O)H + 2\,Cr^{3+} + 15\,H_2O$$

Reaktion mit Natrium – Acidität

- Alkohole reagieren in wässriger Lösung **neutral**. Sie geben das H-Atom an der Hydroxylgruppe nicht an Wasser ab, sind also keine Säuren. Das entstehende Anion wäre nicht stabil, weil die negative Ladung am Sauerstoff auch durch einen elektronenliefernden Effekt der Alkylgruppe verstärkt würde. Die Rückreaktion mit einem Proton zum Alkohol ist dadurch stark begünstigt.

- Gibt man allerdings elementares Natrium in einen Alkohol, so ist dessen Reduktionspotenzial so groß, dass es abgegebenen Protonen ein Elektron überträgt, so dass sich Wasserstoff bilden kann.

- Dabei entsteht auch das Alkohol-Anion, das man **Alkanolat**-Ion nennt. Die Reaktion verläuft aber wesentlich schwächer als die von Natrium mit Wasser:

  $$2\ H_3C{-}CH_2{-}OH + 2\ Na \longrightarrow H_2 + 2\ Na^+H_3C{-}CH_2{-}O^-.$$

- Das Salz Natriumethanolat reagiert mit Wasser **basisch**, das Ethanolat nimmt also ein Proton auf:

  $$Na^+H_3C{-}CH_2{-}O^- + H_2O \longrightarrow Na^+ + H_3C{-}CH_2{-}OH + OH^-.$$

Funktionelle Gruppe, Benennung

- Die Carbonylverbindungen entstehen durch Oxidation von primären und sekundären Alkoholen.
- Sie besitzen die C=O-Gruppe (**Carbonyl-Gruppe**) als funktionelle Gruppe.
- Ist das C-Atom randständig, so liegt ein **Aldehyd** vor (*alcoholus dehydrogenatus* = Alkohol, dem Wasserstoff entzogen wurde), liegt es im Inneren einer Kohlenstoffkette, dann handelt es sich um ein **Keton.**
- Der Name der Aldehyde und Ketone leitet sich vom entsprechenden Kohlenwasserstoff ab.
- Bei Aldehyden oder Alkanalen hängt man die Endung -al an.
- Bei den Ketonen oder Alkanonen lautet die Endung -on.
- Falls zusätzlich noch Hydroxylgruppen vorkommen, wird so gezählt, dass Aldehyd- oder Ketogruppe möglichst niedrige Nummern bekommen. Die Hydroxylgruppe wird explizit im Namen erwähnt.

Eigenschaften, Verwendung

- Die Carbonylgruppe ist **polar**. Deshalb wirken zwischen Aldehyden und Ketonen Dipol-Dipol-Wechselwirkungen. Da aber kein positiviertes Wasserstoffatom vorkommt, gibt es keine Wasserstoffbrücken.

- Die Carbonylverbindungen sieden deshalb bei niedrigeren Temperaturen als Alkohole mit vergleichbarer Masse. Ihr **Siedepunkt** liegt zwischen dem der Alkane und der Alkohole.
  Mit Wasser können kurzkettige Carbonyle Wasserstoffbrücken bilden und sind deshalb löslich in Wasser. Bei den längerkettigen Verbindungen überwiegt der unpolare Rest, sie sind nicht wasserlöslich.

- Methanal reagiert in Wasser mit Wassermolekülen und bildet ein Hydrat:

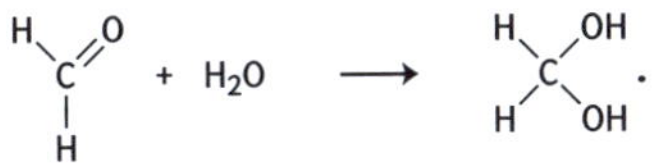

- Methanal oder **Formaldehyd** ist ein wichtiges Desinfektionsmittel. Es wird auch zur Konservierung von anatomischen Präparaten benutzt. Außerdem ist es ein Grundstoff für Kunststoffe. Manche Aldehyde werden in Parfüms verwendet.

- Propanon oder **Aceton** ist ein Lösungsmittel, z. B. für Lacke (Nagellackentferner) und ein wichtiges Zwischenprodukt für viele Synthesen.

Oxidierbarkeit

- Nur die Aldehyde können zu **Carbonsäuren** oxidiert werden.
- Ketone lassen sich ohne Bruch der Kohlenstoffkette nicht oxidieren.
- Die Oxidation eines Aldehyds zur Carbonsäure entspricht formal dem Einschub eines Sauerstoffatoms zwischen C- und H-Atom der Aldehydgruppe.
- Gebräuchliche Oxidationsmittel sind Cu^{2+}-Ionen bei der Fehling'-schen Probe oder Silber-Ionen bei der Tollens-Probe oder der Silberspiegelprobe.
- Die Oxidation eines Aldehyds im Basischen verläuft nach folgender Teilgleichung:

Ox:

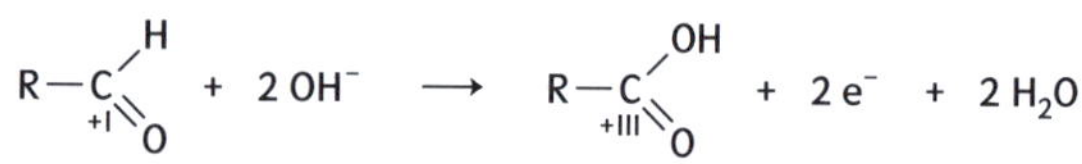

Nachweise

- Für die Fehling'sche Probe mischt man eine hellblaue Lösung mit Cu^{2+}-Ionen (aus Kupfersulfat) mit einer alkalischen Kaliumnatriumtartratlösung. Dabei entsteht ein dunkelblauer Komplex.
- Nach Zugabe des Aldehyds kocht man auf, dann bildet sich ein ziegelroter Niederschlag von Cu_2O.
- Die Redoxgleichung leitet sich folgendermaßen ab:

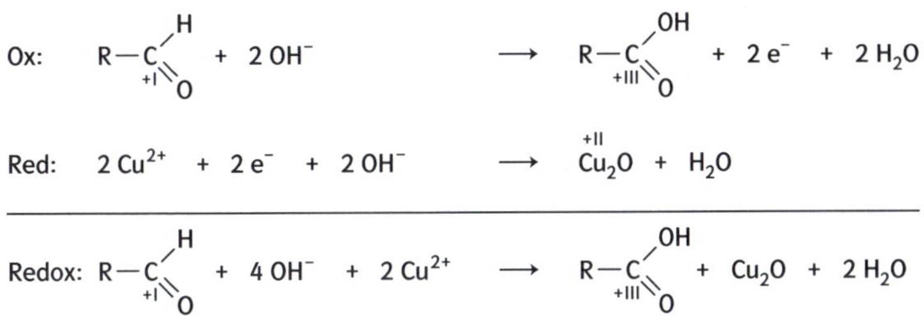

- Bei der **Silberspiegelprobe**, die auch Tollens-Probe heißt, findet ebenfalls eine Redoxreaktion mit Ag^+-Ionen als Elektronenakzeptoren statt.
- Die Probe findet ebenfalls im Alkalischen statt. Man verwendet Ammoniak, der durch Komplexbildung mit den Silberionen eine Niederschlagsbildung der Silberionen mit Hydroxid-Ionen verhindert. Reaktionsgleichungen s. S. 119.
- Lässt man die Probe in einem frischen Reagenzglas ablaufen, so bildet sich im heißen Wasserbad mit dem Aldehyd ein schöner Silberspiegel an der Reagenzglaswand.
- Für die **Schiff'sche Probe** auf Aldehyde versetzt man das Schiffreagenz (fuchsinschweflige Säure) mit Aldehyd. Die farblose Lösung färbt sich stark rosa/violett („fuchsia").

Nukleophile Addition

- Da das C-Atom der Carbonylgruppe durch das elektronegativere Sauerstoffatom **positiviert** ist, wird es leicht durch Nukleophile angegriffen.

- **Nukleophile** sind Stoffe, die mit einem freien Elektronenpaar eine positive Ladung „lieben" (griech. *philein*).

- Dabei nimmt das Sauerstoffatom eine der Bindungen als freies Elektronenpaar zu sich und wird negativ geladen, während das Nukleophil durch das Teilen des freien Elektronenpaars eine positive Ladung erfährt.

- Zum Ladungsausgleich wandert ein H^+-Ion vom ehemaligen Nukleophil zum Sauerstoffatom, sodass dieses eine OH-Gruppe bildet.

- Insgesamt hat sich dadurch eine Verbindung X—H an die Carbonylgruppe addiert. (X ist eine Gruppe mit freiem Elektronenpaar an einem elektronegativen Atom, z. B. —Cl, —OH, $-NH_2$, —OR, …)

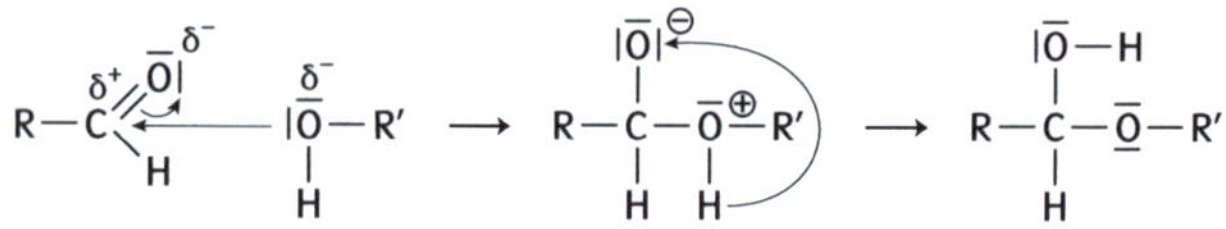

Funktionelle Gruppe, Benennung

- Die charakteristische Gruppe für die Carbonsäuren ist die **Carboxyl-Gruppe** –COOH. Sie enthält gleichzeitig eine Carbonyl- und eine Hydroxyl-Gruppe, deshalb ist der Name auch aus beiden Gruppennamen zusammengesetzt.
- Die Carboxylgruppe kann ein Proton abgeben und wird dadurch zur Carboxylatgruppe mit negativer Ladung.

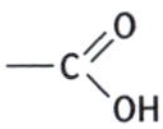

Carboxylgruppe

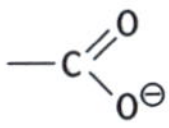

Carboxylatgruppe

- Die Carbonsäuren werden gemäß der Zahl der C-Atome mit dem entsprechenden Alkan im Stammnamen und der Endung -säure benannt.
- Die **Anionen** der Säure erhalten die Endung -at.
- Kommen zwei Säuregruppen vor, so verwendet man die Vorsilbe -di, z. B. Butandisäure.
- Wenn an einer Disäure auch Verzweigungen vorkommen, die eine Carboxylgruppe tragen, benennt man anders: Man zählt die Kette ohne die Carboxylgruppen und gibt die drei (oder mehr) Carboxylgruppen mit ihrer Stellung an der Hauptkette mit der Endung -carbonsäure an, z. B. 1,2,3-Propantricarbonsäure.

Trivialnamen häufiger Carbonsäuren

Halbstrukturformel und IUPAC-Name	Trivialname	Trivialname des Anions
H–COOH Methansäure	Ameisensäure	Formiat
H_3C–COOH Ethansäure	Essigsäure	Acetat
H_3C–CH_2–COOH Propansäure	Propionsäure	Propionat
H_3C–CH_2–CH_2–COOH Butansäure	Buttersäure	Butyrat
HOOC–COOH Ethandisäure	Oxalsäure	Oxalat
H_3C–CHOH–COOH 2-Hydroxy-Propansäure	Milchsäure	Lactat
HOOC–CHOH–CHOH–COOH 2,3-Dihydroxybutandisäure	Weinsäure	Tartrat
H_2C=CH–COOH Propensäure	Acrylsäure	Acrylat

Eigenschaften, Vorkommen und Verwendung

- Die **Hydroxylgruppe** in der Carboxyl-Gruppe ist **stark** polar. So können zwischen den Carbonsäuren Wasserstoffbrücken ausgebildet werden.
- Dabei können sich zwei Säuremoleküle Kopf an Kopf legen und zwei **Wasserstoffbrücken** bilden. Diese Dimere sind so stabil, dass sie noch im Gaszustand vorliegen. Der Siedepunkt der Carbonsäuren ist deshalb um Einiges höher als der der Alkohole.
- Die **Wasserlöslichkeit** der ersten vier Carbonsäuren ist wegen der möglichen Wasserstoffbrücken gut. Dann überwiegt der unpolare Anteil der Carbonsäuren und die Carbonsäuren lösen sich nicht mehr in Wasser.
- Langkettige Carbonsäuren spielen als Säure-Anionen eine Rolle als **Tenside** (die zwischen polaren und unpolaren Stoffen vermitteln können).
- Sehr viele Carbonsäuren kommen auch in der **Natur** vor. Methansäure heißt auch Ameisensäure und verweist damit auf ihr Vorkommen. Aber auch Bienengift oder Nesselgifte enthalten diese Säure.
- Ethansäure oder Essigsäure wird durch Bakterien aus Ethanol gebildet. Als Speiseessig dient sie zum Würzen und Haltbarmachen.
- Im Zitronensäurezyklus beim Glucoseabbau, der in Zellen abläuft, kommen sehr viele Carbonsäuren vor. Die langkettigen Carbonsäuren sind als Fettsäuren Bestandteil der Fette und Öle.

Reaktionen

- Die Hydroxylgruppe in der Carboxylgruppe kann leicht ein Proton abspalten.

- In der Carbonsäure führt die **Mesomerie** dazu, dass der Sauerstoff der Hydroxylgruppe eine positive Teilladung erfährt und deshalb bereitwillig das Proton abgibt, um das bindende Elektronenpaar ganz zu übernehmen.

- Im Säure-Anion, dem Carboxylat-Ion, wird durch die Mesomerie die negative Ladung auf beide Sauerstoffatome verteilt. Dies ist besonders stabil.

- Deshalb gibt die —OH-Gruppe bei den Carbonsäuren das Proton ab, bei den Alkoholen aber nicht.

- Bei höheren Temperaturen oder mit wasserentziehenden Substanzen bilden Carbonsäuren **Anhydride**. Diese können durch Wasseraufnahme wieder zur Säure reagieren.

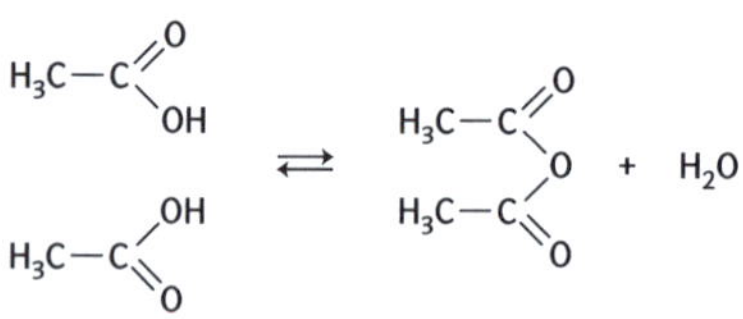

- Ebenfalls unter Wasserabspaltung reagieren die Carbonsäuren mit Alkoholen zu Carbonsäureestern.

Carbonsäureester: Synthese und Benennung

- Aus Carbonsäuren und Alkoholen bilden sich unter Wasserabspaltung die Carbonsäureester.
- Diese Reaktion zweier Teilchen unter Abspaltung eines kleinen Teilchens heißt **Kondensationsreaktion**. Diese Reaktion wird als Paradebeispiel für eine Gleichgewichtsreaktion herangezogen.

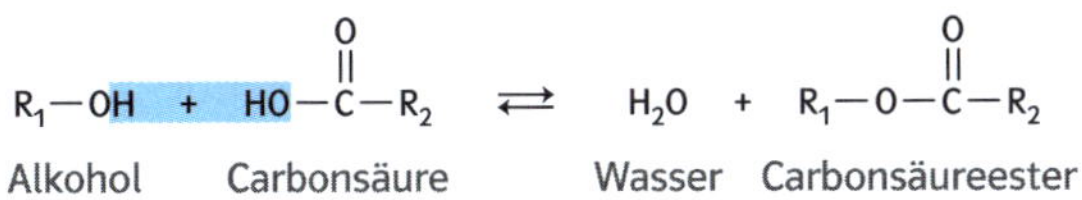

- Bei der **Benennung** der Ester gibt es zwei Varianten. Nicht ganz gemäß den Regeln von IUPAC ist die Namengebung, bei der man zuerst die eingesetzte Säure und dann den Alkohol nennt und die Endung -ester anhängt.
- Ganz regelkonform nennt man zuerst den Alkohol und dann den Alkylrest der Säure und hängt die Endung -oat an, so wie dies auch bei den Säureanionen vorgenommen wird.
- Den Säureanteil erkennt man am C-Atom mit der Doppelbindung zum Sauerstoff. Die Kette der Säure weist vom Brücken-Sauerstoffatom weg. Der Alkoholrest wird durch die Kette auf der anderen Seite des Brücken-Sauerstoffatoms gebildet.

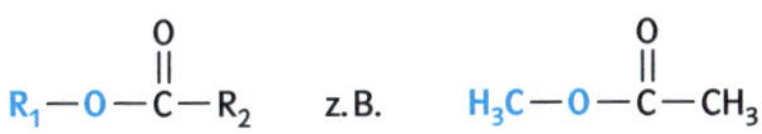

R_1 stammt aus dem Alkohol, R_2 aus der **Säure**
→ Alkansäure$_2$alkyl$_1$ester, hier Ethansäuremethylester oder
Alkyl$_1$alkan$_2$oat, hier Methylethanoat

Eigenschaften und Bedeutung der Carbonsäureester

- Ester haben zwar mit den Sauerstoffatomen polare Stellen im Molekül, aber die unpolaren Alkylreste überwiegen. Die kurzkettigen Ester lösen sich noch in Wasser, die längerkettigen praktisch nicht.

- Sie sind also hydrophob und eher als Lösungsmittel für lipophile Stoffe geeignet.

- Die kurzkettigen Ester sind außerdem leichtflüchtig, da keine Wasserstoffbrücken zwischen den Teilchen herrschen.

- Carbonsäureester haben oft charakteristische Gerüche und kommen in Früchten als **Aromastoffe** vor. Manche Ester werden deshalb als naturidentische Duft- und Aromastoffe eingesetzt.

- Ester aus langkettigen Carbonsäuren und Alkoholen sind **Wachse**, die man auf Früchten und Blättern findet.

- Die Ester aus dem dreiwertigen Alkohol Glycerin (Propantriol) und den langkettigen Fettsäuren sind **Fette**.

Ether

- Aus zwei Alkoholmolekülen entstehen durch Kondensation Ether.

$$R_1{-}OH + HO{-}R_2 \rightleftarrows H_2O + R_1{-}O{-}R_2$$

Alkohol 1 Alkohol 2 Wasser Ether

- Bei den Ethern stellt der längere Alkylrest die namengebende Hauptkette dar, die kürzere Kette wird als „Alkoxy" vorangestellt. In einer älteren Benennung werden beide Alkylgruppen alphabetisch sortiert und mit der Silbe -ether versehen.

$R_1{-}O{-}R_2$ z. B. $H_3C{-}O{-}CH_2{-}CH_3$

R_2 sei der längere Alkylrest

→ Alk_1oxy**alkan**$_2$, hier Methoxy**ethan** oder **Ethyl**methylether

- Ether haben zwar mit den Sauerstoffatomen polare Stellen im Molekül, aber die unpolaren Alkylreste überwiegen. Die kurzkettigen Ether lösen sich noch in Wasser, die längerkettigen praktisch nicht. Sie sind also hydrophob und eher als Lösungsmittel für lipophile Stoffe geeignet.

- Die Ether sind außerdem leicht flüchtig, da keine Wasserstoffbrücken zwischen den Teilchen herrschen.

- Ether werden v. A. als **Lösungsmittel** eingesetzt. Besonders der Diethylether spielt hier eine große Rolle. Er war auch eines der ersten Betäubungsmittel, aber in dieser Funktion spielt er heute keine Rolle mehr wegen starker Nebenwirkungen.

Aromatischer Zustand

- Die Strukturformel des **Benzols** (C_6H_6) stellte lange ein Problem für die Chemiker dar. Gegen eine Formel mit vielen Mehrfachbindungen spricht, dass man keine elektrophile Addition von Brom beobachten kann, sondern mit Katalysator eine Substitution eines H-Atoms durch Brom. Es gibt nur ein Monosubstitutionsprodukt des Benzols.

- August Kekulé schlug für Benzol eine ringförmige Struktur mit „oszillierenden Doppelbindungen" vor.

- Heute erklärt man die Eigentümlichkeit des Benzols mit dem Phänomen der **delokalisierten Elektronen**. Die sechs Elektronen aus den „Doppelbindungen" sind nicht einer bestimmten Einfachbindung bzw. zwei C-Atomen zugeordnet, sondern bewegen sich als gemeinsame Elektronenwolke zwischen allen C-Atomen gemeinsam.

- Nicht nur das Benzol hat delokalisierte Elektronen, denn das Phänomen tritt immer dann auf, wenn abwechselnd Einfach- und Doppelbindungen in einem Molekül auftreten und/oder freie Elektronenpaare an einem Atom ebenfalls an dem delokalisierten Elektronensystem teilnehmen können.

- **Hückel-Regel**: Eine Sonderstellung nehmen alle ringförmigen organischen Verbindungen ein, die $4n+2$ delokalisierte Elektronen besitzen, wie das Benzol mit $4 \cdot 1+2=6$ delokalisierten Elektronen.

- Diese Verbindungen nennt man **Aromaten**. Sie reagieren in besonderer Weise, weil der aromatische Zustand besonders stabil ist.

Mesomerie

- Bei der Darstellung von Molekülen macht man die Delokalisierung von Elektronen durch **mesomere Grenzformeln** deutlich.

- Man formuliert mehrere Formeln, in denen die Elektronen jeweils anderen Atomen zugeordnet sind und verbindet sie mit einem Pfeil mit zwei Spitzen und stellt diese Grenzformeln in eckige Klammern. Dies bedeutet, dass der wahre Zustand einem Zwischending zwischen diesen Extremen entspricht.

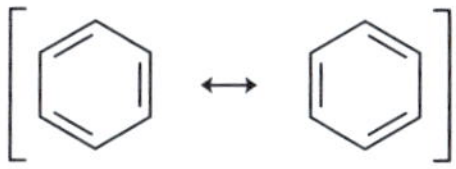

- Diese Bindungsverhältnisse, die sich nicht durch eine einzige Strukturformel beschreiben lassen, nennt man Mesomerie (oder auch Resonanz).

- Für Benzol gibt es noch eine Symbolschreibweise für die sechs delokalisierten Elektronen in Form eines Rings.

Mesomeriestabilisierung

- Die delokalisierte Elektronenverteilung stellt einen energetisch günstigen, also **energiearmen Zustand** dar. Dies kann man durch den Vergleich der Reaktion von Wasserstoff mit verschiedenen Stoffen und Benzol feststellen.

- Lässt man Cyclohexen (mit einer lokalisierten Doppelbindung) mit Wasserstoff zu Cyclohexan reagieren, so erhält man $-120\,\frac{kJ}{mol}$ Energie. Beim „Cyclohexatrien" sollte dann dreimal so viel Energie frei werden, also $-360\,\frac{kJ}{mol}$.

- Führt man die Reaktion mit Benzol und Wasserstoff aber durch, erhält man nur $-209\,\frac{kJ}{mol}$.

- Das bedeutet, dass Benzol von vorneherein energetisch stabiler ist und bei der Reaktion mit Wasserstoff deshalb nicht mehr so viel Energie freisetzt.

- Der Betrag, um den das Benzol stabiler ist als das hypothetische Cyclohexatrien, wird **Mesomerieenergie** oder **Mesomeriestabilisierung** genannt.

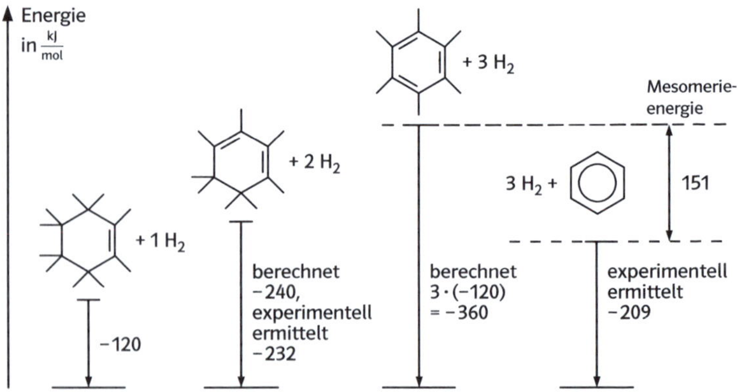

Elektrophile Substitution am Benzol

- Die typische Reaktion der Aromaten ist die elektrophile Substitution, bei der ein H-Atom durch ein anderes Atom oder eine Atomgruppe **ersetzt**, also substituiert wird.

- Ein erster Schritt bei dieser Reaktion ist der Kontakt des angreifenden Teilchens mit den delokalisierten Elektronen des Aromaten. Dafür sind elektrophile Teilchen geeignet.

- Bromierung von Benzol:
  - Polarisierung von Brom durch Benzol und Katalysator, Bildung des π-Komplexes: Ein Brom-Atom weist eine positive Teilladung und ist deshalb elektrophil.

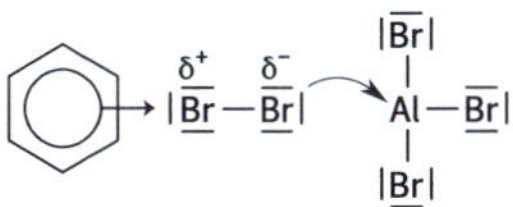

  - Bindung des elektrophilen Bromteilchens an Benzol unter Abspaltung eines Bromidions, Bildung eines Carbokations bzw. des σ-Komplexes, bei dem die positive Ladung durch Mesomerie auch auf andere C-Atome verteilt ist.

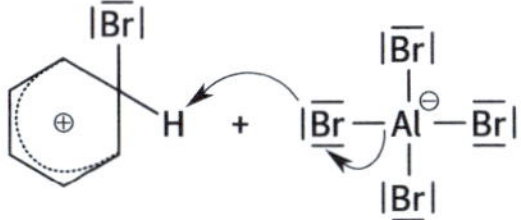

Carbokation

  - Herstellung des günstigen aromatischen Zustands durch Abspaltung eines H^+-Ions, das mit dem $AlBr_4^-$ zu HBr und dem ursprünglichen Katalysator reagiert.

Weitere Substitutionsreaktionen

- Die **Halogenierung** von Benzol verläuft unter Verwendung eines Katalysators.
- Bei der **Friedel-Crafts-Alkylierung** verstärkt ebenfalls ein Katalysator den elektrophilen Charakter eines Alkylrests, der an ein Halogen gebunden ist und ein H-Atom substitutieren soll.
- Andere Stoffe können ohne Katalysator mit Benzol reagieren, weil sie von vorneherein stärker elektrophil sind.
- Bei der **Nitrierung** von Benzol bildet sich aus Salpetersäure und Schwefelsäure das Nitrylkation NO_2^+, das am Ring angreift.
- Bei der **Sulfonierung** wirkt SO_3 als Elektrophil, da das Schwefelatom durch seine drei elektronegativen Sauerstoffpartner stark positiviert ist.
- Bei der Bildung der Azofarbstoffe wirkt das **Diazoniumion** $R{-}N_2^+$ als Elektrophil.
- Bei allen Substitutionen wird am Ende ein Proton abgespalten, wodurch sich das stabile mesomere System zurückbildet.

Zweitsubstitution in ortho- und para-Stellung

- Die meisten Substituenten haben einen Einfluss auf die Stelle, an der ein zweiter Substituent sich ans Benzol binden würde.

- Es gibt die ortho-Stellung, die meta-Stellung und die para-Stellung:

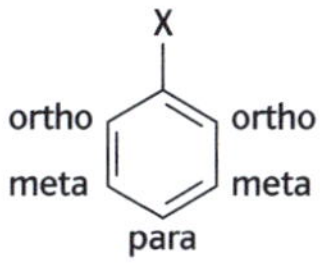

- Erstsubstituenten können Elektronen zur Verfügung stellen, die durch Mesomerie bestimmte C-Atome negativer machen, so dass hier der elektrophile Angriff bevorzugt stattfindet.

- Solche Substituenten nennt man **+M-Substituenten** (mit positivem mesomeren Effekt).

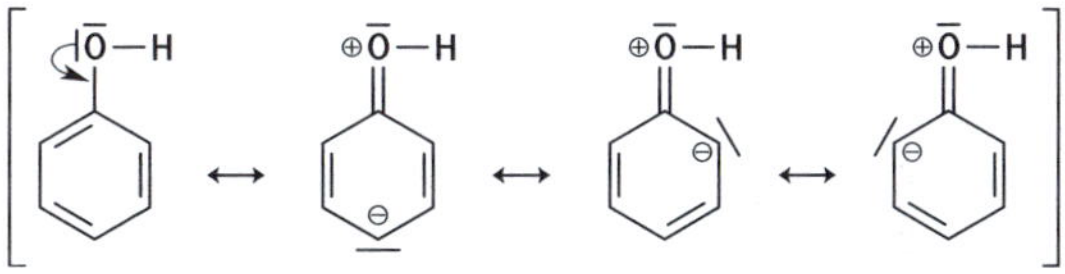

- Erstsubstituenten mit + M-Effekt dirigieren in ortho- und para-Stellung. Neben der OH-Gruppe sind auch $-O^-$, $-O-R$, $-NH_2$, $-NR_2$ oder die Halogene Substituenten mit positivem mesomerem Effekt.

- Durch die **Erhöhung der Elektronendichte** haben die meisten Substituenten (außer den Halogenen) auch eine fördernde Wirkung auf die Zweitsubstitution, die dadurch erleichtert wird.

Zweitsubstitution in meta-Stellung

- Substituenten mit **–M-Effekt** ziehen dagegen Elektronen aus dem Benzolring ab, so dass die Zweitsubstitution erschwert wird.

- Sie sorgen dafür, dass die C-Atome in ortho- und para-Stellung positive Teilladungen tragen, so dass dort eher nicht der elektrophile Angriff erfolgt, sondern in der meta-Stellung.

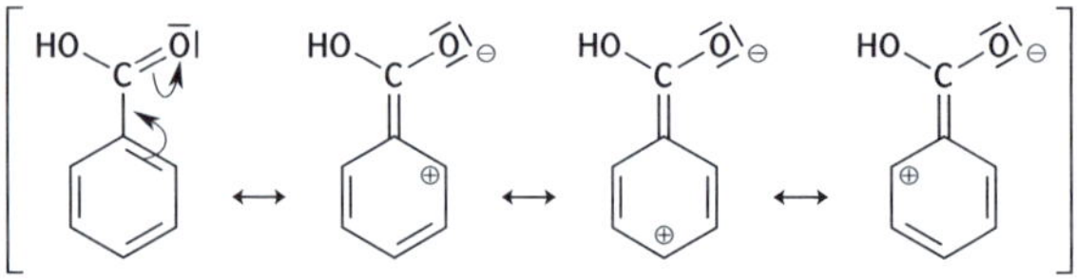

Teilladungen in der Benzoesäure

- Erstsubstituenten mit –M-Effekt dirigieren somit in die meta-Stellung. Zu ihnen gehören $-COOR$, $-COOH$, $-CHO$, $-CN$, $-NO_2$ oder $-SO_3H$.

Einfluss des Benzolrings auf funktionelle Gruppen

- Da der Benzolrest mit den Elektronen der Substituenten in Wechselwirkung treten kann, verändert er zum Teil die **Reaktivität** der funktionellen Gruppen. Besonders die Säure-Base-Wirkung der funktionellen Gruppen wird verändert.

- Die **Aminogruppe** kann als Base reagieren, indem sie ein Proton an ihr freies Elektronenpaar anlagert. Der Benzolring nimmt aber das freie Elektronenpaar am Stickstoff in das mesomere System auf, so dass es nicht mehr voll zur Verfügung steht und damit das Proton nicht mehr so gut anlagern kann. Der Benzolring schwächt somit die Basizität der Aminogruppe.

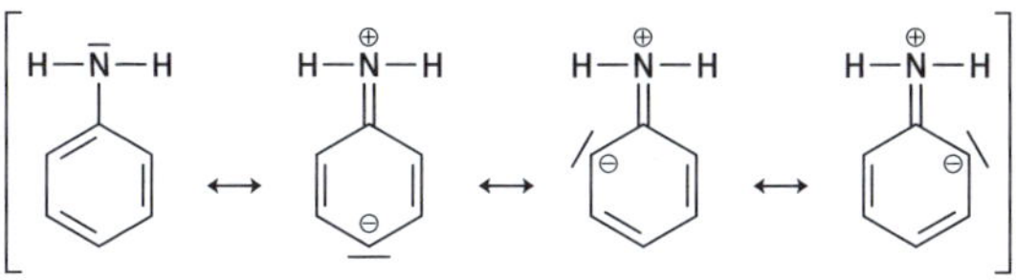

- Im **Phenol** übernimmt der Benzolring ein freies Elektronenpaar des Sauerstoffs in das mesomere System. Dadurch erhält der Sauerstoff eine positive Teilladung und die Protonenabspaltung wird erleichtert.

- Das entstehende Anion wird stabilisiert, weil die negative Ladung am Sauerstoff auch auf den Benzolring verteilt wird. So erhöht der Benzolring die Acidität der OH-Gruppe.

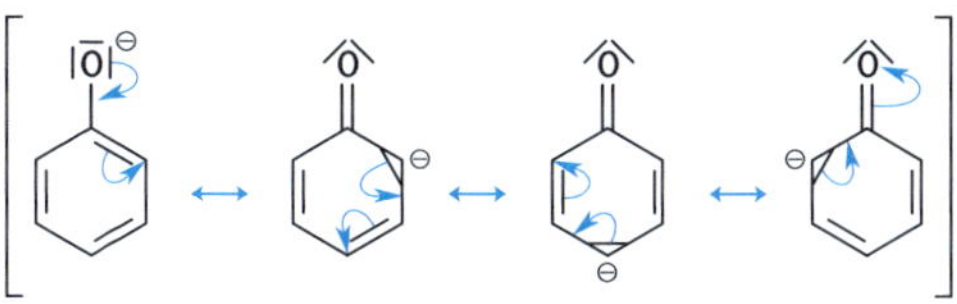

Mesomerie beim Phenolat-Ion

Chiralität, Enantiomerie

- Viele organische Verbindungen haben C-Atome, an denen vier verschiedene Reste gebunden sind. In diesem Fall kann ein Molekül so gebaut sein, dass es einmal das Bild und einmal das Spiegelbild darstellt.

- Die beiden Formen können nicht zur Deckung gebracht werden, so dass sie zwei **Isomere** darstellen.

- Solche Isomere, die sich wie Bild und Spiegelbild verhalten, nennt man **Enantiomere** oder Spiegelbildisomere.

- Ein Kohlenstoff-Atom, das vier verschiedene Substituenten trägt, heißt **chirales C-Atom**, Chiralitätszentrum oder asymmetrisches C-Atom. Ein Molekül mit einem oder mehreren solcher C-Atome nennt man ein chirales Molekül. Das Fremdwort „chiral" ist abgeleitet vom griechischen Wort für Hand – *cheir*, da sich unsere Hände ebenfalls wie Bild und Spiegelbild verhalten.

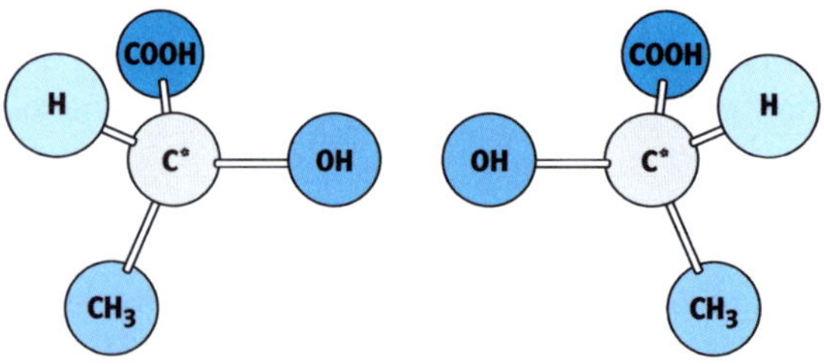

Kohlenstoffatom mit vier verschiedenen Substituenten in den zwei spiegelbildlichen Formen

- Chirale C-Atome werden in Strukturformeln häufig mit einem Sternchen (*) gekennzeichnet.

Optische Aktivität

- Chirale Moleküle haben als Bild und Spiegelbild fast identische Eigenschaften, aber sie unterscheiden sich in der Wechselwirkung mit einer besonderen Art von Licht, sie sind optisch aktiv.

- Wenn man eine Lichtquelle betrachtet, geht von ihr Licht aus, das in allen Ebenen des Raumes schwingt. Ein Polfilter lässt aber nur Licht einer einzigen Schwingungsebene hindurch, man nennt es linear **polarisiertes** Licht.

- Wird linear polarisiertes Licht durch die Lösung einer optisch aktiven Substanz geleitet, so verändert diese Lösung die Schwingungsebene und dreht sie um einen bestimmten Winkel.

- Der Drehwinkel ist umso größer, je mehr Substanz gelöst ist bzw. je länger die durchstrahlte Strecke ist.

- Man kann nicht vorhersagen, in welche Richtung und um wie viel Grad die Ebene gedreht wird, aber eines steht fest: Dreht eine Lösung des D-Enantiomers um einen bestimmten Winkel nach links, so wird das L-Enantiomer um den gleichen Winkel nach rechts drehen.

Polarimeter

- Die optische Aktivität wird mit einem Polarimeter gemessen. Das Polarimeter erzeugt linear polarisisertes Licht durch einen Polfilter (**Polarisator**). Mit einem zweiten Polfilter stellt man fest, um wieviel Grad sich die Ebene des Lichtes verändert hat, nachdem es die Lösung durchstrahlt hat (**Analysator**).

- Unter Standardbedingungen kann man den **spezifischen Drehwinkel** messen. Dazu werden bei 20 °C 1 g Substanz pro Milliliter Lösung verwendet und 1 dm Schichtdicke durchstrahlt (man verwendet eine bestimmte Wellenlänge).

- Dreht eine Substanz die Schwingungsebene des linear polarisierten Lichts im Blick zur Lichtquelle nach rechts, so bezeichnet man sie als rechtsdrehend und fügt ein (+) in die Formel ein, bei linksdrehenden Substanzen ergänzt man ein (–), z. B. L-(+)-Weinsäure.

- Es gibt keinen Zusammenhang zwischen der Benennung mit D und L und der Drehrichtung!

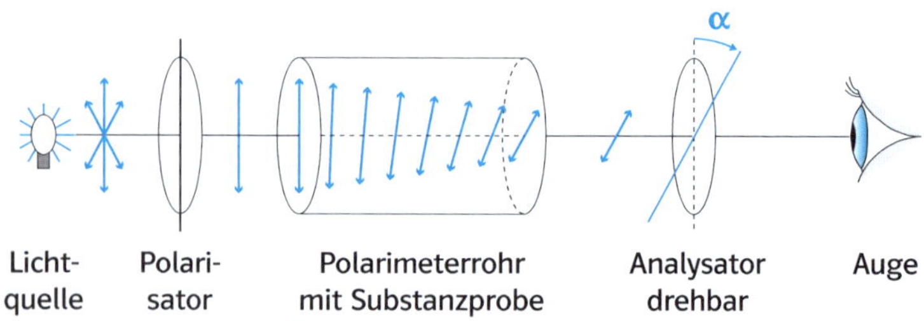

Fischer-Projektion

- Die Fischer-Projektion verwendet man zur Darstellung der räumlichen Struktur organischer Moleküle auf der Papierebene.

- Bei linearen (acyclischen) Molekülen steht das am höchsten oxidierte C-Atom oben, die weiteren Kohlenstoffatome in einer Reihe nach unten, wobei sie eine Art Brücke bilden, die quasi in die Papierebene gedrückt wurde. Die beiden anderen Bindungspartner stehen dann entweder rechts oder links.

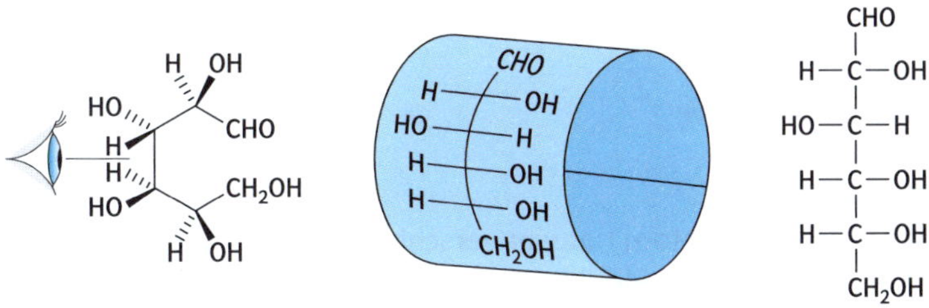

- Bei Biomolekülen verwendet man die Bezeichnungen D (von lat. *dexter* – rechts) und L (lat. *laevus* – links) zur Unterscheidung der **Enantiomere**. Dabei gibt die Stellung der funktionellen Gruppe am untersten chiralen C-Atom den Ausschlag.

- Eine Besonderheit tritt auf, wenn sich wie im Fall der meso-Weinsäure eine Symmetrieebene im Molekül befindet. Dann kann man die beiden Formen durch Drehung um 180° zur Deckung bringen. Meso-Weinsäure existiert also nur in einer Form.

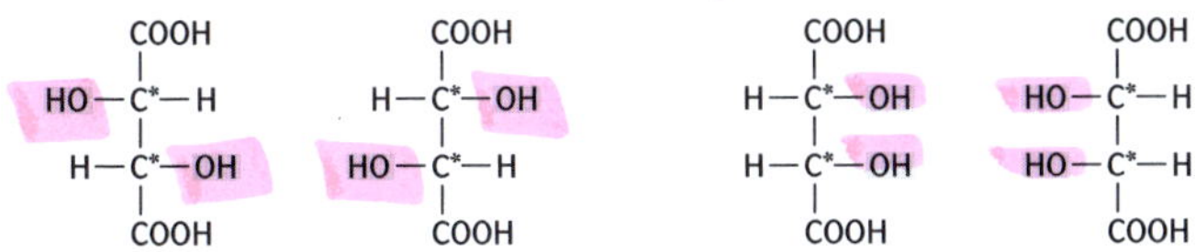

D-(−)-Weinsäure L-(+)-Weinsäure meso-Weinsäure

Monosaccharide

- Monosaccharide sind chemisch gesehen **Polyhydroxycarbonylverbindungen**. Sie besitzen eine Aldehydgruppe oder eine Ketongruppe und mehrere OH-Gruppen.

- Das einfachste Monosaccharid ist demnach 2,3-Dihydroxypropanal. Es wird häufiger mit seinem Trivialnamen **Glycerinaldehyd** benannt.

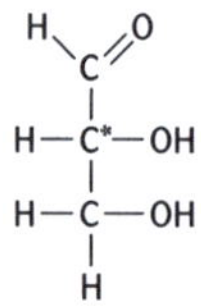

- Das zweite C-Atom hat vier verschiedene Substituenten (H-Atom, Hydroxylgruppe, Aldehydgruppe, unteres C-Atom CH_2OH), ist also asymmetrisch. Die OH-Gruppe steht hier rechts, also handelt es sich um D-Glycerinaldehyd.

- Fast alle natürlich vorkommenenden Monosaccharide haben D-Konfiguration.

- Bei den Monosacchariden unterscheidet man Triosen, Tetrosen, Pentosen, Hexosen, … mit drei, vier, fünf, sechs, … C-Atomen.

Glucose

- Glucose oder **Traubenzucker** als wichtigste Hexose ist das Produkt der Fotosynthese und spielt eine wichtige Rolle als Energielieferant beim Stoffabbau.

- Mit der **Summenformel** $C_6H_{12}O_6$ hat sie folgende Verteilung der OH-Gruppen an den vier chiralen C-Atomen (Fischer-Projektion): rechts-links-rechts-rechts („tatütata").

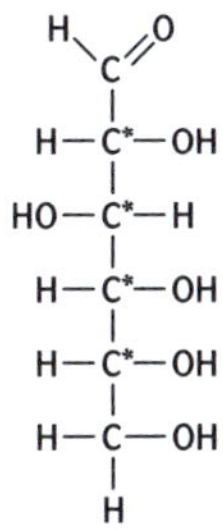

- In dieser offenkettigen Form kommt aber nur ein sehr kleiner Teil der Glucosemoleküle vor. Die Schiff'sche Probe auf Aldehyde verläuft negativ.

- Die meisten Glucosemoleküle sind **ringförmig**, weil innerhalb des Moleküls eine Reaktion stattfindet. Die OH-Gruppe am fünften C-Atom reagiert mit der Aldehydgruppe, dabei wird ein H-Atom umgelagert und es entsteht eine Sauerstoffbrücke und eine neue OH-Gruppe (**Halbacetalbildung**).

- Die neue OH-Gruppe kann rechts oder links stehen, so dass es zwei verschiedene Ringformen gibt. Steht die neue OH-Gruppe rechts, so nennt man die Form α-D-Glucose, steht sie links, handelt es sich um β-D-Glucose.

- Diese Isomerenart nennt man **Anomere**.

Haworth-Projektion

- Die **Ringform** der Zucker lässt sich in der Haworth-Projektion anschaulicher darstellen.
- Der Ring aus fünf C-Atomen und einem Sauerstoffatom bildet eine Ebene und die H-Atome, die OH-Gruppen und die CH_2OH-Gruppe des sechsten C-Atoms sind oberhalb bzw. unterhalb der Ebene angeordnet.
- Alles, was in Fischer-Projektion rechts steht, zeigt in der Haworth-Projektion nach unten.

Fischer-Projektion | Haworth-Projektion

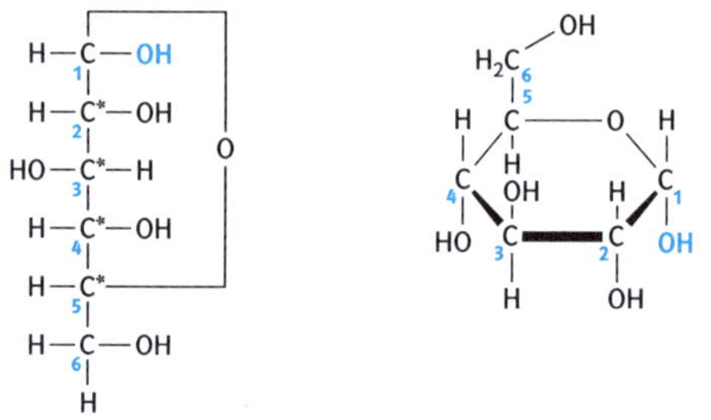

α-D-Glucose: neue OH-Gruppe am C1 rechts bzw. unten

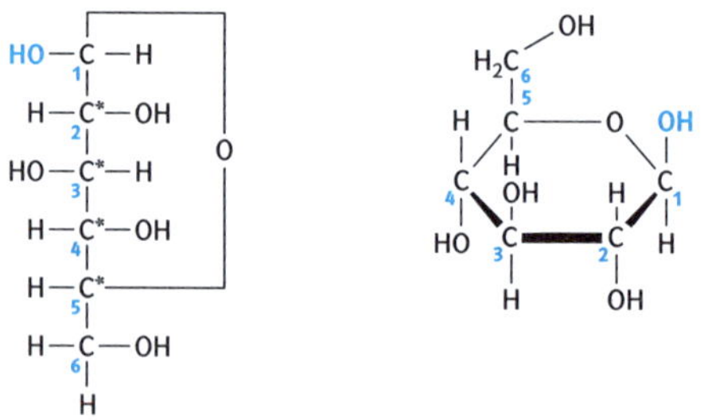

β-D-Glucose: neue OH-Gruppe am C1 links bzw. oben

Mutarotation

- Löst man feste Glucose, die fast nur **α-Glucose** enthält, in Wasser, erhält man einen spezifischen Drehwinkel von +112°, allerdings nimmt er mit der Zeit ab.
- Dies liegt daran, dass sich in wässriger Lösung der Ring öffnet und wieder schließt, so dass auch **β-Glucose** entsteht.
- Reine β-Glucose hat einen spezifischen Drehwinkel von +19°.
- Es stellt sich ein **Gleichgewicht** zwischen beiden Formen ein, so dass man dann einen Winkel von 52° messen kann, was einem Anteil von 36 % α-Glucose und 64 % β-Glucose entspricht.
- Dieses Phänomen des sich verändernden Drehwinkels nennt man **Mutarotation**. Man kann sie durch Zugabe von Säure oder Lauge beschleunigen.
- Mutarotation tritt immer auf, wenn es anomere Formen eines Zuckers gibt. Diese Zucker sind gleichzeitig reduzierend.

Fructose – eine Ketose

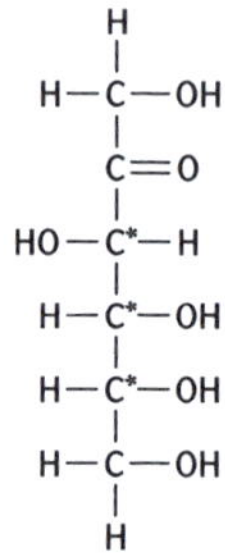

- Fructose (Fruchtzucker) gehört mit einer Ketogruppe zu den **Ketosen.**
- Sie besitzt sechs Kohlenstoffatome und die **Summenformel** $C_6H_{12}O_6$.
- Das erste „ta“ in der Formel der Glucose („tatütata“) wird zu einer Ketogruppe, die anderen drei OH-Gruppen stehen genauso wie bei der Glucose („tütata“).
- D-Fructose ist linksdrehend, ihr spezifischer Drehwinkel liegt im Gleichgewicht bei –93°.
- Über die **Keto-Endiol-Tautomerie** kann sich Fructose im Basischen in Glucose umlagern und wirkt deshalb dann auch reduzierend.

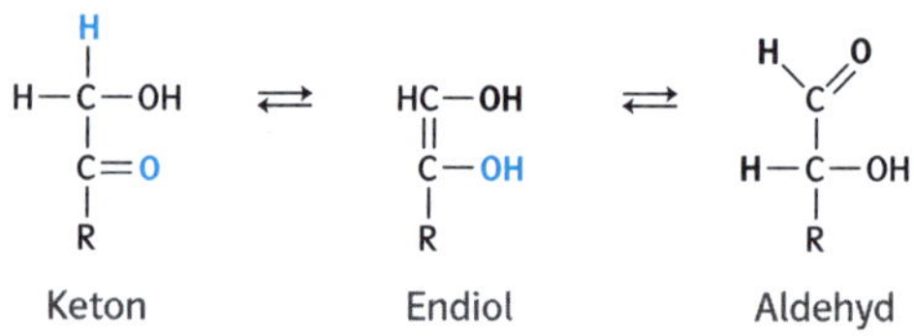

Ringformen der Fructose

- Auch Fructose liegt vor allem in **Ringform** vor. Sie existiert als **Sechsring**, kommt aber als Bestandteil der Saccharose auch als **Fünfring** vor. Sechsringe leiten sich vom Pyran ab und heißen deshalb **Pyranosen**, Fünfringe werden nach dem Furan **Furanosen** genannt.
- Auch die Fructose zeigt **Mutarotation**, da sie in α- und β-Form vorkommt und diese ineinander übergehen.

Fischer-Projektion | Haworth-Projektion

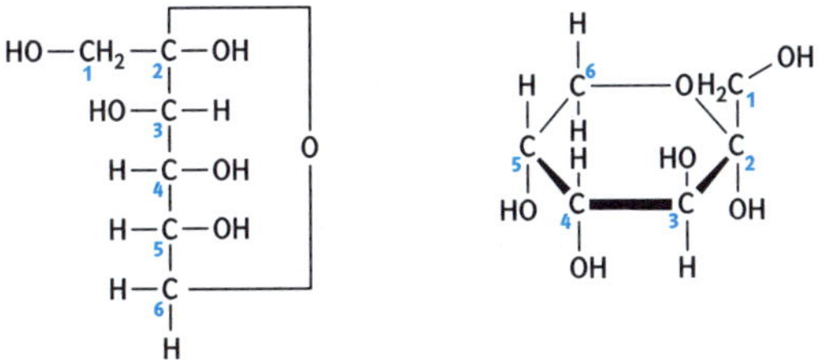

α-D-Fructopyranose (Fischer- und Haworth-Projektion)

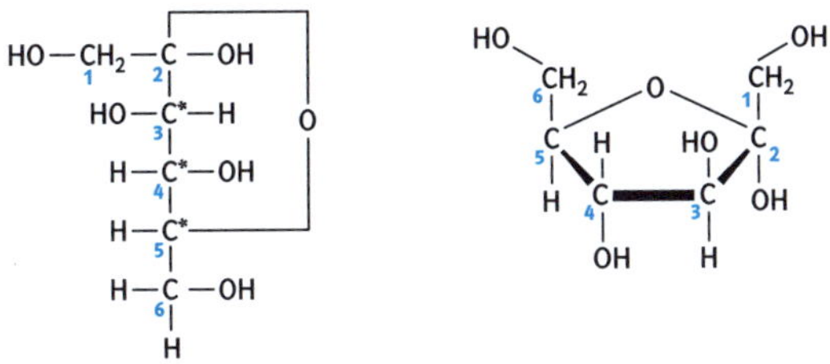

α-D-Fructofuranose (Fischer- und Haworth-Projektion)

Glycosidbindung – Disaccharide

- Die Monosacchride lassen sich ausgehend von der neuen anomeren OH-Gruppe nach dem Ringschluss mit anderen Ringen verbinden.
- Die halbacetalische OH-Gruppe am C1 bzw. C2 ist dabei besonders reaktiv.
- Bei der Reaktion mit einer weiteren OH-Gruppe spaltet sich Wasser ab, so dass zwei Monosaccaride durch die Glycosid-Bindung zu einem Disaccharid verbunden werden.
- Als **Glycosidbindung** bezeichnet man aber auch die Bindung zwischen einer OH-Gruppe des anomeren C-Atoms mit einer OH-Gruppe eines Alkohols.
- Bei der Reaktion zweier Monosaccharide zu einem Disaccharid können auch die OH-Gruppen beider anomerer C-Atome beteiligt sein.
- Liegt eine Glycosidbindung am anomeren C-Atom vor, so ist an diesem Ring keine Ringöffnung mehr möglich.

Maltose

- In der Maltose sind zwei Moleküle **α-Glucose** zur α-Maltose verbunden. Es verbindet sich die OH-Gruppe am C1 des einen Zuckermoleküls mit der OH-Gruppe am C4 des anderen. Dies ergibt eine α-1,4-glycosidische Bindung.
- Das C1-Atom am zweiten Ring ist noch unverändert. Der zweite Ring kann sich also noch zum Aldehyd öffnen und wieder schließen, so dass die Maltose in α- und β-Form vorliegen kann und deshalb auch Mutarotation zeigt. Außerdem ist sie deshalb auch ein reduzierender Zucker.

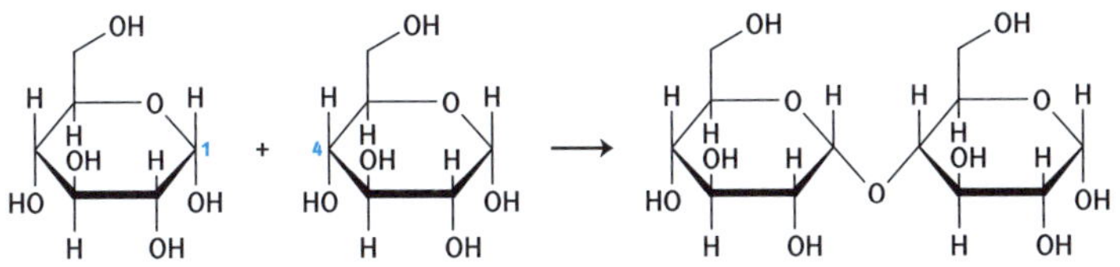

α-1,4-glycosidische Verknüpfung

Cellobiose

- Will man **β-Glucose** mit einem zweiten Glucosemolekül β-1,4-glycosidisch verknüpfen, passt die Orientierung der OH-Gruppe am C4 des zweiten Rings nicht zur Bindungsknüpfung. Man muss den zweiten Ring um 180° von hinten nach vorne drehen.

- Auch die Cellobiose ist am C1 des zweiten Rings noch nicht blockiert, sodass Ringöffnung, beide anomere Formen und reduzierende Wirkung auftreten.

- Cellobiose ist der Grundbaustein der **Cellulose**.

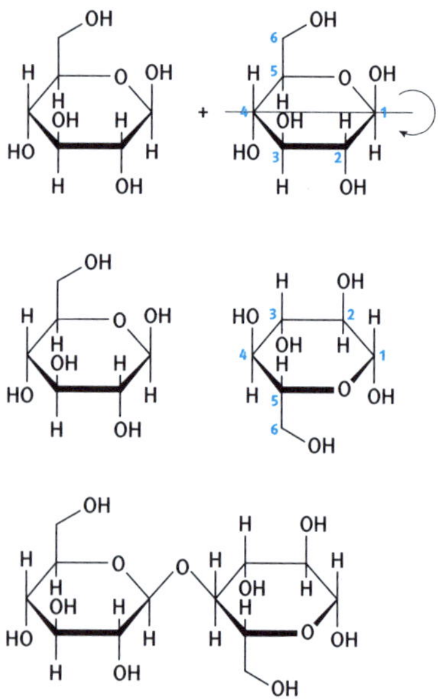

β-Cellobiose, β-1,4-glycosidisch verknüpft

Trehalose

- Ein weiteres Disaccharid, das man aus Glucose aufbauen kann, ist die Trehalose, die in Pflanzen und Insekten als Reservestoff vorkommt.

- In der Trehalose sind zwei Moleküle α-Glucose α-1,1-glycosidisch verknüpft. Dazu muss man das zweite Traubenzuckermolekül quasi im Kreis drehen, so dass die OH-Gruppen der C1-Atome nebeneinander stehen.

- Da in der Trehalose beide C1-Atome miteinander verknüpft sind, kann sich keiner der beiden Ringe öffnen. Somit gibt es keine Anomere, keine Mutarotation und der Zucker ist nicht-reduzierend.

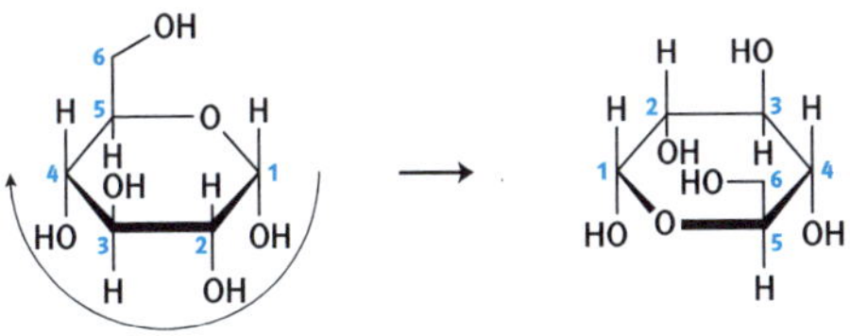

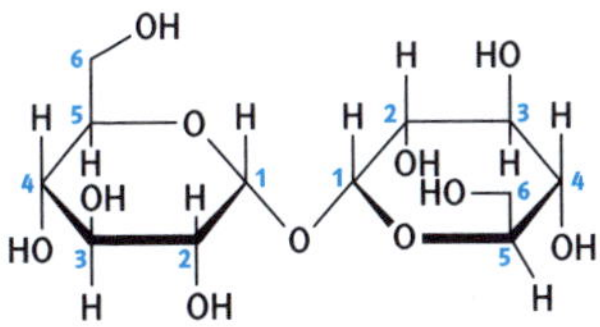

α-1,1-glycosidische Verknüpfung

Saccharose

- Im Alltag am häufigsten verwendet wird die Saccharose, auch Haushaltszucker, **Rohrzucker** oder Rübenzucker genannt. Sie kommt in Pflanzen vor.

- Die Saccharose wird gebildet aus einem Molekül **α-Glucose** und einem Molekül **β-Fructose**, wobei die Fructose als Furanose vorliegt. Die beiden Zucker sind 1,2-glycosidisch verknüpft.

- Auch hier muss man die Fructose um eine Achse durch das Sauerstoffatom im Ring drehen, damit die OH-Gruppen richtig orientiert nebeneinanderstehen.

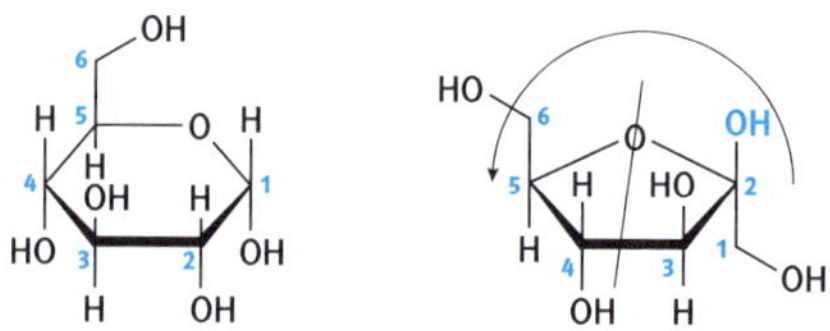

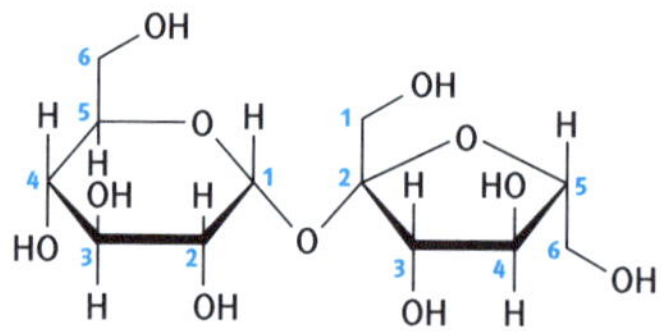

Reaktionen der Zucker, Nachweise

- Alle Monosaccharide zeigen typische Reaktionen. Sie sind **reduzierend**, auch die Ketosen, weil diese sich im Basischen durch Keto-Endiol-Tautomerie in Aldosen umwandeln können. So sind sowohl die Fehling'sche Probe als auch die Silberspiegelprobe positiv.

- Dabei werden die Aldehydgruppen der Zucker zu Carbonsäuren oxidiert.

- Nachweis durch die **Fehling'sche Probe** mit Kupfersulfat (Bildung des ziegelroten Cu_2O-Niederschlags); Reaktionsgleichungen s. S. 87.

- Nachweis durch die **Silberspiegelprobe** (s. S. 87) mit ammoniakalischer Silbernitratlösung (Bildung eines Silberspiegels); Reaktionsgleichungen:

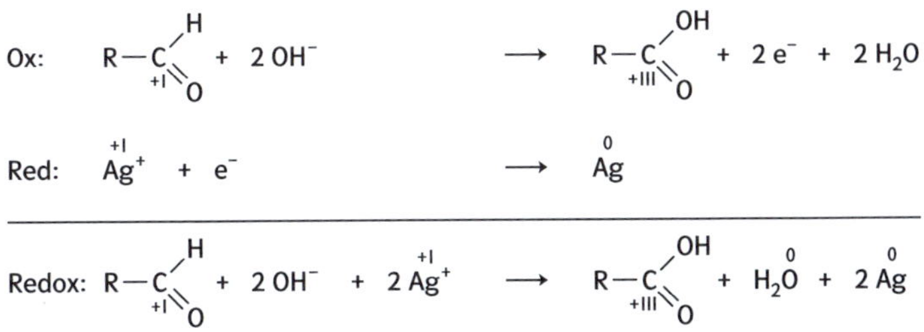

- Die reduzierenden Disaccharide zeigen ebenfalls positive Fehling- und Silberspiegelprobe.

- Glucose kann spezifisch mit dem GOD-Test nachgewiesen werden. Ein Glucose-Oxidase-Teststäbchen enthält ein Enzym, welches substratspezifisch nur mit Glucose reagiert und dadurch das Stäbchen blau färbt.

Einteilung der Zucker in Gruppen

- D- bzw. L-Reihe: Stellung der OH-Gruppe am untersten chiralen C-Atom
- (+) oder (–): Drehung der Schwingungsebene des linear polarisierten Lichts im Blick zur Lichtquelle nach rechts oder links
- Triose, Tetrose, Pentose oder Hexose: drei, vier, fünf oder sechs C-Atome
- Aldose oder Ketose: Aldehydgruppe oder Ketogruppe im offenkettigen Zucker
- Furanose oder Pyranose: Fünfring oder Sechsring
- α- oder β-Anomer: Stellung der neuen OH-Gruppe im Ring genauso oder entgegengesetzt wie die OH-Gruppe, die D- oder L-Form bestimmt
- Mono- oder Disaccharid: Ein Ring oder zwei miteinander verbundene Ringe

Stärke (Amylose)

- Verbindet man viele Monosaccharidringe miteinander, so erhält man ein Polysaccharid. Dabei gibt es wiederum die α- und die β-glycosidische Bindung.
- Die bekanntesten Polysaccharide sind aus **Glucose** aufgebaut. α-1,4-glycosidisch verknüpft ergeben 500 bis 6000 Monomere die **Amylose**, eine Form der pflanzlichen Stärke.
- Da bei jeder Glycosidbindung ein kleiner Knick zwischen den Monomeren entsteht, bildet die Amylose räumlich eine große **Spirale**.
- In heißem Wasser kann man Amylose kolloidal lösen.
- In die Schlaufen der Spirale lässt sich elementares **Iod** einlagern. Damit verändert sich die Lichtabsorption und die Lösung erscheint tiefblau. Deshalb kann man Stärke mit Iod (Lugol'sche Lösung) nachweisen.

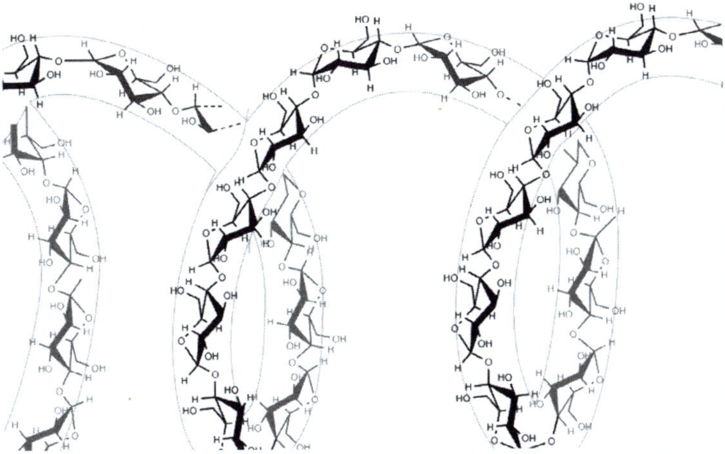

Amylopektin und Glycogen

- Amylopektin ist eine weitere Form der pflanzlichen **Stärke.**
- Hier besitzt die Spirale alle 15 bis 30 Monomere noch **Seitenketten** aus ca. 15 – 25 α-1,4-glycosidisch verknüpften Glucoseeinheiten, die α-1,6-glycosidisch an die Amylose-Grundstruktur gebunden sind.
- 70 – 80 % der pflanzlichen Stärke bestehen aus Amylopektin. Es enthält 1000- bis 10 000-mal mehr Glucoseeinheiten als Amylose.
- Mit Lugol'scher Lösung färbt es sich violett.

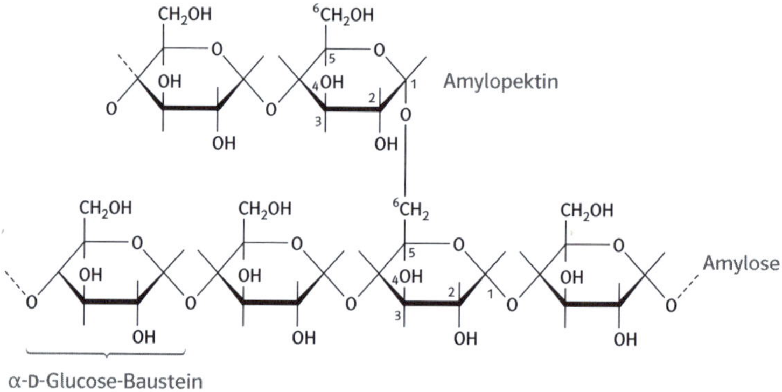

- Sind die Seitenketten wiederum verzweigt, so liegt **Glycogen** vor, das man auch als **tierische Stärke** bezeichnet. Es ist ein Reservestoff und kommt in Muskeln und in der Leber vor.

Cellulose

- Verknüpft man die **Glucose** β-1,4-glycosidisch, so muss man wie bei der Cellobiose jedes zweite Glucosemolekül drehen.
- Die Knicke, die durch die Sauerstoffbrücke entstehen, heben sich jeweils auf und es bildet sich ein geradliniges Makromolekül, die Cellulose.
- Wegen der vielen Hydroxylgruppen treten starke Wechselwirkungen durch **Wasserstoffbrückenbindungen** zwischen den Makromolekülen auf, so dass Cellulose sehr gut **Fasern** bildet und deshalb als Baustoff für die Pflanzen geeignet ist.
- Cellulose ist das häufigste organische Molekül der Erde.

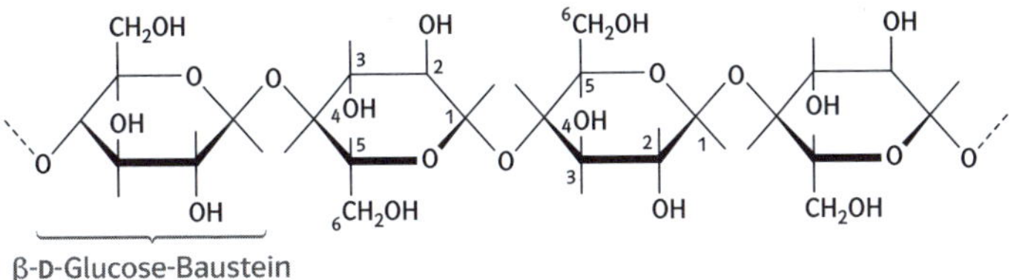

Cellulose

Fette – Bau

- Die meisten pflanzlichen und tierischen Fette und fetten Ölen sind **Carbonsäureester** aus Glycerin (Propantriol) und Fettsäuren. Man nennt sie auch **Triacylglyceride**.

- Glycerin ist ein dreiwertiger Alkohol und heißt korrekt Propan-1,2,3-triol.

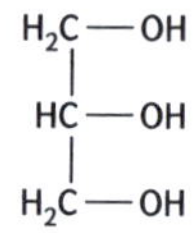

- **Fettsäuren** sind langkettige Carbonsäuren.

- Fette sind **Gemische** aus verschiedenen Molekülen, der prozentuale Anteil der Fettsäuren in einem bestimmten Fett oder Öl ist aber gleich.

- Es können auch chirale Fette gebildet werden, wenn ein Fett drei verschiedene Fettsäurereste besitzt; bei der technischen Synthese entstehen dabei aber jeweils beide Enantiomere gleichermaßen.

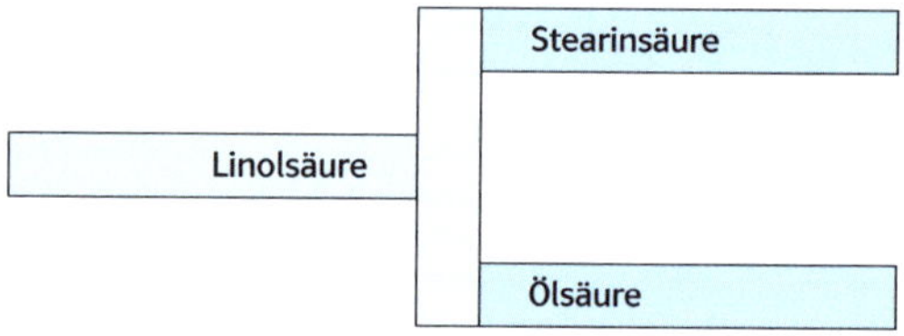

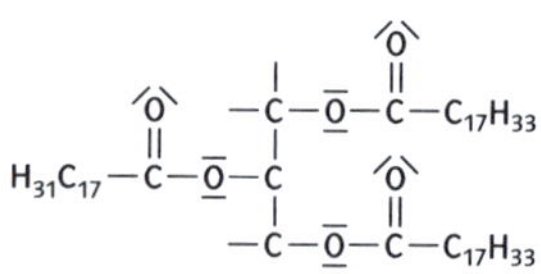

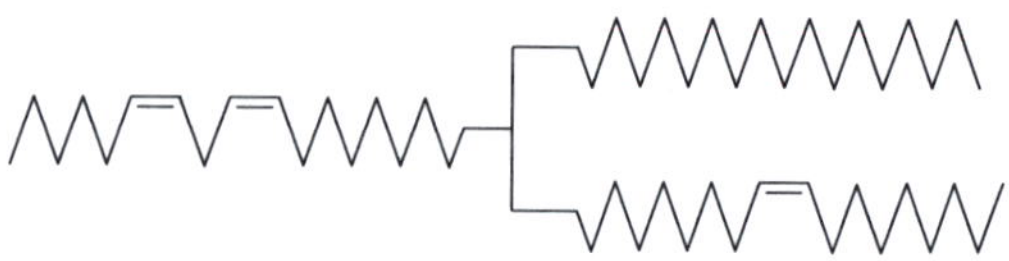

Fettsäuren

- Fettsäuren mit 18 C-Atomen kommen in der Natur besonders häufig vor.
- Die Fettsäuren haben neben dem IUPAC-Namen auch **Trivialnamen**.
- Bei den Fettsäuren unterscheidet man **gesättigte** Fettsäuren, die nur Einfachbindungen besitzen, und **ungesättigte** Fettsäuren mit Doppelbindungen.

Gesättigte Fettsäuren

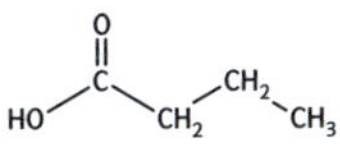
Buttersäure = Butansäure

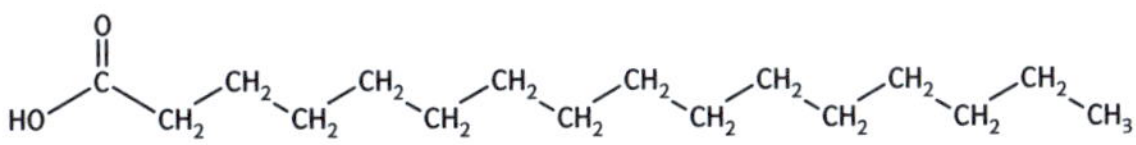
Palmitinsäure = Hexadecansäure

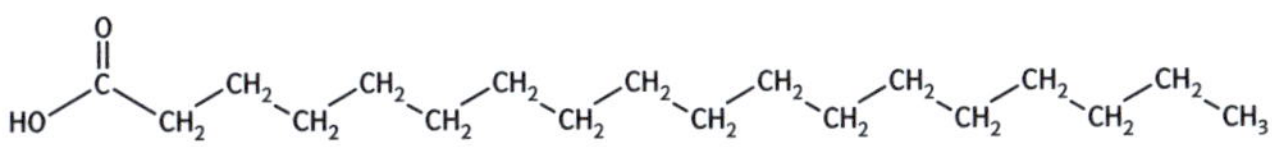
Stearinsäure = Octadecansäure

Ungesättigte Fettsäuren

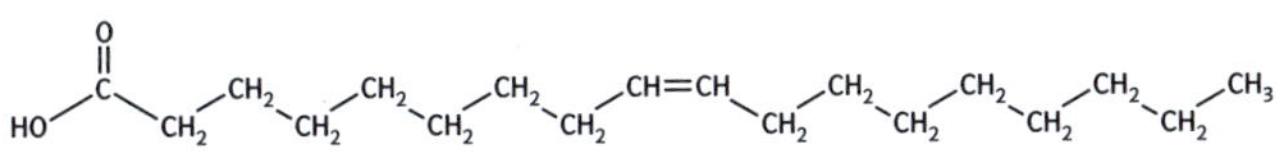
Ölsäure = *Z*-Octadec-9-ensäure

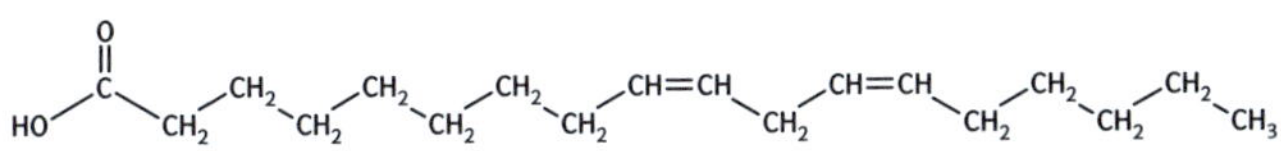
Linolsäure = *Z*,*Z*-Octadec-9,12-diensäure

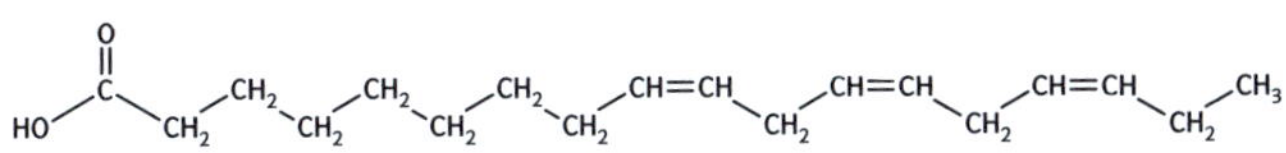
Linolensäure = *Z*,*Z*,*Z*-Octadec-9,12,15-triensäure

Eigenschaften der Fette

- Obwohl in einem bestimmten Fett der Anteil der einzelnen Fettsäuren recht konstant ist, ist nicht jedes Fettmolekül gleich gebaut. Ein Fettmolekül könnte drei gleiche Fettsäuren enthalten, ein weiteres drei andere und ein drittes eine Mischung aus beiden.

- Deshalb sind Fette Gemische, was man daran merkt, dass sie einen **Schmelzbereich** haben und keinen klar definierten Schmelzpunkt.

- Fette **Öle** sind bei Raumtemperatur flüssige Fette.

- Der Schmelzbereich hängt eng mit der Anzahl der ungesättigten Fettsäuren zusammen. Denn an jeder Doppelbindung, die bei Fetten die *Z*-Konfiguration besitzt, hat das Molekül einen „Knick“. Dadurch ordnen sich Moleküle mit Doppelbindungen schlechter in ein festes Gitter ein und sind deshalb auch bei tieferen Temperaturen noch frei beweglich.

- Man kann die Doppelbindung mit der **Bromwasserprobe** nachweisen. Bromwasser entfärbt sich, da sich Brom an die Doppelbindung addiert. Dabei öffnet sich die Doppelbindung und das Öl wird fest.

- Die **Iodzahl** gibt indirekt die Zahl der Doppelbindungen an. Je höher sie ist, desto mehr Doppelbindungen besitzt das Fett. Sie gibt die Masse der Iodportion in Gramm an, die von 100 g Fett addiert wird.

- Die **Säurezahl** eines Fettes gibt die Masse der Kaliumhydroxidportion in mg an, die für die Neutralisation der freien Fettsäuren in 1 g Fett benötigt werden. Diese bilden sich mit der Zeit durch Hydrolyse des Esters.

Fetthärtung und Margarineherstellung

- Da man flüssige Fette nicht immer gut verarbeiten kann, werden Pflanzenöle gehärtet, in dem man sie unter Druck mit Wasserstoff und einem Katalysator reagieren lässt, also hydriert.

- Dabei öffnen sich die Doppelbindungen und das Öl wird fest.

- Leider gehen dabei auch positive biologische Eigenschaften der ungesättigten Fettsäuren verloren, aber auch die Haltbarkeit wird erhöht.

- Bei unvollständiger Hydrierung können sich Ester der sogenannten *trans*-Fettsäuren als Nebenprodukt bilden, die sich ungünstig auf die Gesundheit auswirken.

- Gehärtete Fette werden auch zu Margarine verarbeitet. Sie stellt eine Emulsion aus Fetten und Ölen sowie Wasser oder Magermilch dar.

Verseifung

- Bei der Verseifung werden die Esterbindungen gelöst, sodass Glycerin und Fettsäuren entstehen.

- Die **Hydrolyse** der Ester durch **Säurezugabe** führt zur Einstellung eines Gleichgewichts zwischen Fett und Wasser sowie Glycerin und freien Fettsäuren.

- Verwendet man zur Verseifung **Laugen**, werden die Fettsäuren neutralisiert, so dass die Natriumsalze bzw. Kaliumsalze der Fettsäuren entstehen, die als Kernseife bzw. Schmierseife bezeichnet werden.

- Die alkalische Verseifung ist irreversibel.

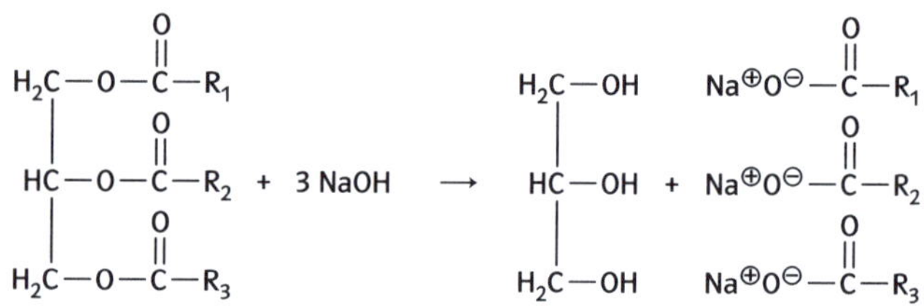

- Die **Verseifungszahl** gibt an, wie viel Kaliumhydroxid (in mg) notwendig ist, um die in 1 g Fett enthaltenen freien Säuren zu neutralisieren und die vorhandenen Esterbindungen zu spalten.

- Je größer die Verseifungszahl, desto mehr Moleküle gibt es pro Gramm Fett und desto kürzer sind deshalb die enthaltenen Fettsäuren.

Tenside – Wirkung

- Ein Tensidmolekül (wie z. B. ein Seifenanion) ist ein **amphiphiles** Teilchen. Es hat einen hydrophilen und einen lipophilen Teil.

- Dadurch sind Tenside **grenzflächenaktiv** und ordnen sich an Grenzflächen an, an denen polare und unpolare Phasen aneinandergrenzen (z. B. Wasser/Luft oder Wasser/Fett).

- Tenside setzen durch die Ansammlung an der Grenzfläche Wasser – Luft die **Oberflächenspannung** des Wassers herab. Beim Waschvorgang benetzt Wasser dadurch leichter das Gewebe oder die Haut.

- Tenside wirken emulgierend oder dispergierend auf Fett-Wasser-Gemische, indem sie die lipophilen Enden in Fett-Tröpfchen eintauchen und die hydrophilen Köpfe zum Wasser ausrichten und dadurch eine feine Verteilung der Fett-Tröpfchen im Wasser bewirken.

- Genauso wirken sie suspendierend auf Gemische von unpolaren Feststoffen und Wasser.

- **Tenside** werden zum Waschen verwendet, aber auch als Emulgatoren für Lebensmittel, Kosmetika und andere Gemische.

Seife und ihre Nachteile

- Seifen sind die Natriumsalze bzw. Kaliumsalze der Fettsäuren, die durch Verseifung von Fetten mit Natronlauge oder Kalilauge entstehen. Sie lösen sich in Wasser zu Seifenanionen und Natrium- bzw. Kalium-Kationen.

- Das Carboxylat-Ende der **Seifenanionen** ist hydrophil, der langkettige Alkylrest ist lipophil, sodass Seifen auch zu den Tensiden gehören.

- Gegenüber anderen Tensiden weisen sie verschiedene Nachteile auf:
  - Seifen reagieren als Anionen schwacher Carbonsäuren alkalisch:

    $$R{-}COO^- + H_2O \longrightarrow RCOOH + OH^-$$

    Dies ist v. A. für den Säureschutzmantel der Haut ungünstig.
  - Säuren können mit Seifen zu im Wasser unlöslichen Carbonsäuren reagieren, die ihre Waschkraft verloren haben:

    $$R{-}COO^- (aq) + H_3O^+ (aq) \longrightarrow RCOOH (s) + H_2O$$

  - Mit den Calciumionen im Leitungswasser bilden sich unlösliche Calciumsalze (Kalkseife), die sich auf Haut oder Textilien ablagern:

    $$Ca^{2+} (aq) + 2\ RCOO^- (aq) \longrightarrow Ca(RCOO)_2 (s)$$

  - Je härter das Wasser, desto mehr Seifenanionen gehen so verloren und wirken sich störend aus.

Andere Tenside

- Neben den bereits lange bekannten Seifen wurden viele andere Tenside entwickelt, die die Nachteile der Seife nicht aufweisen.

- Am häufigsten sind **anionische Tenside** wie Alkylbenzolsulfonate, Fettalkoholsulfate oder Fettalkoholpolyglycolsulfate. Der Sulfonat- bzw. Sulfatrest ist negativ geladen und stellt den polaren Teil des Tensids dar, die Alkylreste den unpolaren Teil.

- **Nichtionische Tenside** sind Fettalkoholpolyglycolether oder Zuckertenside aus Zuckern und Fettalkoholen. Hier bilden die polare Ethergruppen bzw. die Hydroxylgruppen der Zucker den polaren Teil des Tensids.

- **Kationische Tenside** werden meist in Weichspülern eingesetzt. Es sind Tetraalkylammoniumsalze.

- **Zwitterionische Tenside** besitzen eine positive und eine negative Gruppe, die zusammen den polaren Teil bilden.

Biodiesel

- Möchte man **Öle** als nachwachsenden Treibstoff für Kraftfahrzeuge verwenden, stellt man Biodiesel her.

- Da die Pflanzenöle unverarbeitet recht zähflüssig sind, nimmt man eine **Umesterung** vor. Statt des Glycerins, das mit drei Fettsäuren verestert ist, soll nun **Methanol** mit jeweils nur einer Fettsäure einen Ester bilden. Die Moleküle werden dadurch kleiner und leichtflüssiger.

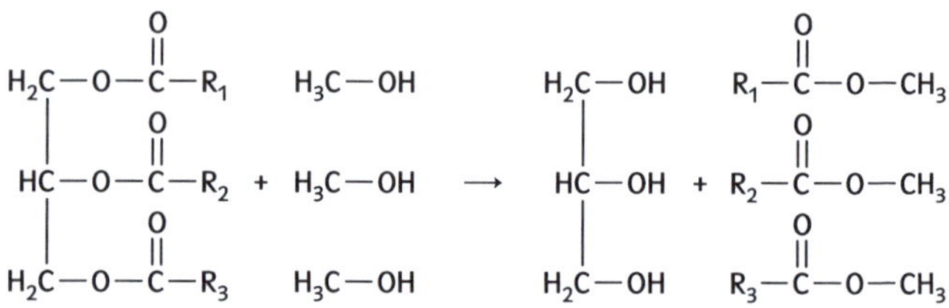

- Es handelt sich hier zwar im Wesentlichen um einen nachwachsenden Energieträger, aber das verwendete Methanol wird weitgehend aus fossilen Quellen gewonnen.

Aminocarbonsäuren – Struktur

- Bei den Aminocarbonsäuren oder kurz Aminosäuren tritt neben der Carboxylgruppe auch die **Aminogruppe** $-NH_2$ auf.
- Die Aminogruppe befindet sich bei allen am Proteinaufbau beteiligten (proteinogenen) Aminosäuren am zweiten C-Atom, also dem der Carboxylgruppe benachbarten C-Atom.
- Man nennt sie auch **α-Aminocarbonsäuren**, weil das erste Kohlenstoffatom nach der Carboxylgruppe als α-C-Atom bezeichnet wird und die Aminogruppe trägt.
- In der Natur kommen auch β- und γ-Aminocarbonsäuren vor.
- Die 20 proteinogenen Aminosäuren unterscheiden sich durch den **Rest**, der noch an diesem C-Atom hängt. Da das α-C-Atom die Carboxylgruppe, die Aminogruppe, ein H-Atom und diesen Rest trägt, ist es ein **chirales C-Atom** (außer wenn der Rest wie im Glycin auch aus einem H-Atom besteht).
- Alle proteinogenen Aminosäuren haben L-Konfiguration, also steht in der Fischer-Projektion die Aminogruppe links.

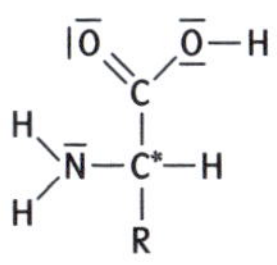

L-α-Aminosäure

Aminosäuren als Zwitterionen

- Da die Aminogruppe basische Eigenschaften hat und die Carboxylgruppe sauer reagiert, liegen die Aminosäuren nicht ungeladen vor, sondern als **Zwitterion**, bei der ein Proton von der Carboxylgruppe auf die Aminogruppe übertragen wurde.
- Deshalb herrschen zwischen den Teilchen **starke Anziehungskräfte**, so dass alle Aminosäuren bei Raumtemperatur fest sind und salzartigen Charakter haben.
- Aminosäuren lösen sich recht gut in Wasser, wobei die Löslichkeit als Zwitterion am geringsten ist. In Säuren und Laugen liegen die Aminosäuren als Kationen oder Anionen vor und sind dann noch besser löslich.

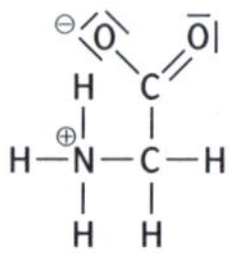

Glycin, Zwitterion

- Fügt man zu einer Lösung mit Aminosäure-Zwitterionen Hydroxidionen hinzu, gibt die Ammoniumgruppe ihr Proton wieder ab. Bei Zugabe von Oxoniumionen muss die Carboxylatgruppe wieder ein Proton aufnehmen.

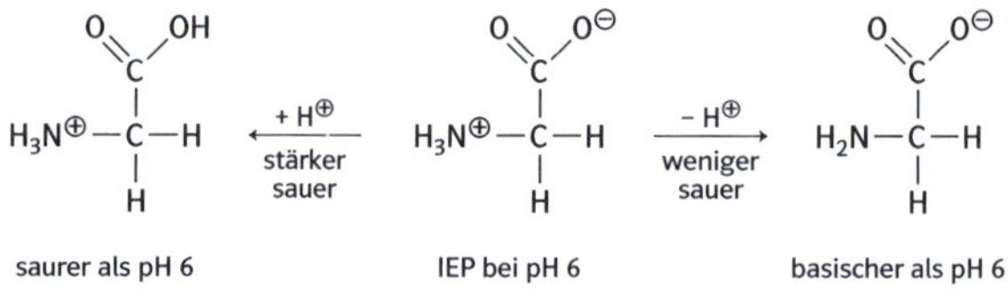

Kation Zwitterion Anion

Titration einer Aminosäure

- Beginnt man die Titration einer Aminosäure im stark Sauren, liegen nur Kationen vor, die bei Laugenzugabe in Zwitter-Ionen übergehen. Der pH-Wert ändert sich dann nur wenig, man befindet sich im **Pufferbereich** des Carbonsäure/Carboxylat-Bereichs der Aminosäure (pH = pK_S1).

- Bei weiterer Laugenzugabe erreicht man einen Wendepunkt und einen pH-Sprung. Dieser liegt um den **isoelektrischen Punkt** der Aminosäure.

- Die Titrationskurve flacht wieder ab und erreicht beim Übergang zum Anion ein zweites Plateau im **Pufferbereich** des Ammonium/Aminogruppe-Übergangs (pH = pK_S2).

- Im stark Basischen sind alle Teilchen in **Anionen** übergegangen.

- Die beiden pK_S-Werte und der isoelektrische Punkt liegen auf einer Geraden.

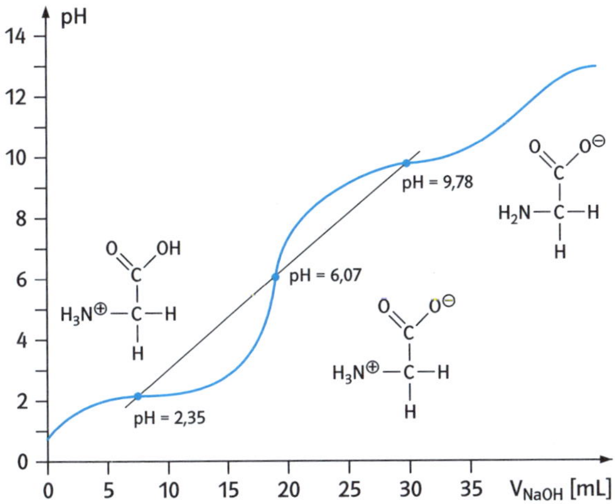

Einteilung der Aminosäuren nach Resten

- Aufgrund ihrer Reste lassen sich die proteinogenen Aminosäuren zu **Gruppen** zusammenfassen.
- Es gibt **unpolare Reste** wie das H-Atom im Glycin (2-Aminoethansäure) oder die Methylgruppe im Alanin (2-Aminopropansäure).
- Ebenfalls relativ unpolar sind Reste mit aromatischen Ringen wie das Phenylalanin (2-Amino-3-phenylpropansäure) oder das Tyrosin (2-Amino-3-(4-hydroxyphenyl)-propansäure).
- **Polare Reste** besitzen das Serin (2-Amino-3-hydroxy-propansäure) oder das Threonin (2-Amino-3-hydroxy-butansäure).
- **Saure Reste** und **basische Reste**, die je nach pH-Wert ein Proton abgegeben oder aufgenommen haben und deshalb als Anion bzw. Kation vorliegen können, haben die Asparaginsäure und die Glutaminsäure (2-Aminobutan- bzw. 2-Aminopentandisäure) mit saurem Rest und das Lysin (2,6-Diaminohexansäure) mit basischem Rest.
- Bei den **schwefelhaltigen Aminosäuren** spielt das Cystein (2-Amino-3-sulfanylpropansäure) für die Struktur der Proteine eine Rolle, da zwei –SH-Gruppen aus zwei Cystein-Resten eine Schwefelbrücke bilden können.

Isoelektrischer Punkt

- Wegen der Reste und ihrer unterschiedlichen Reaktivität gegenüber Säuren und Laugen ist die Struktur einer Aminosäure stark pH-Wert-abhängig. Derjenige pH-Wert, an dem eine bestimmte Aminosäure fast ausschließlich als Zwitterion vorliegt, heißt **isoelektrischer Punkt** (IEP).
- Bei den unpolaren und polaren Aminosäuren liegt er im pH-Bereich von 5 bis 6, also im leicht Sauren. Es muss ein bisschen sauer sein, weil die Aminogruppen etwas weniger basisch reagieren als die Carboxylgruppen sauer.
- Aminosäuren mit saurem Rest haben einen IEP im stärker Sauren: Man muss viele Protonen zugeben, dass eine der beiden Säureanion-Gruppen wieder ein Proton aufnimmt.
- Umgekehrt liegt der IEP von basischen Aminosäuren im Basischen.

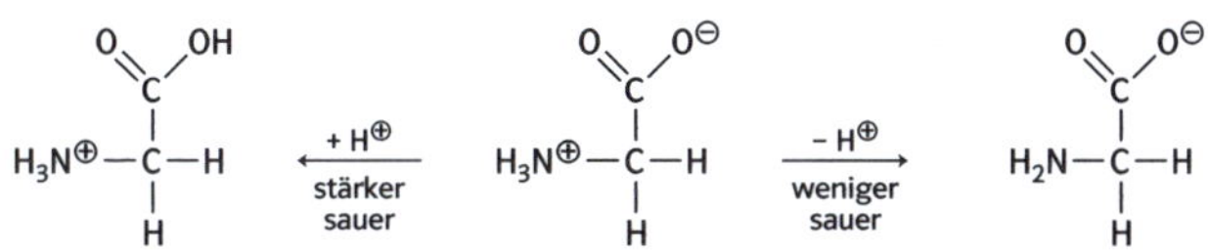

saurer als pH 6 — Kation | IEP bei pH 6 — Zwitterion | basischer als pH 6 — Anion

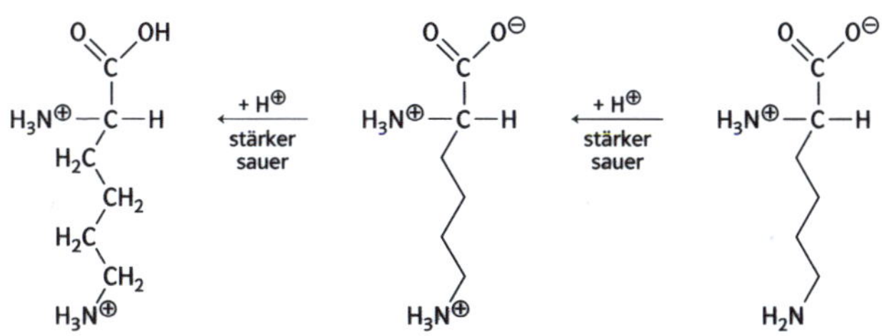

zweifach positives Kation | bei pH = 6 — Kation | am IEP bei pH = 9,59 — Zwitterion

Elektrophorese

- Von Bedeutung ist der isoelektrische Punkt bei der Elektrophorese, mit der man **Aminosäuregemische** trennen kann.
- Man trägt das Gemisch auf ein Trägermaterial (z. B. Papier) auf und gibt den Träger in eine Pufferlösung. Dann legt man eine Gleichspannung an.
- Aminosäuren, deren IEP dem pH-Wert der Pufferlösung entspricht, richten sich im Feld zwar aus, werden aber von beiden Polen gleich stark angezogen und bleiben am Auftragpunkt.
- Wenn der IEP der Aminosäure unter dem pH-Wert liegt, wird die Aminosäure als Anion vorliegen und vom Pluspol angezogen, liegt der IEP darüber, wird das Aminosäure-Kation vom Minuspol angezogen.
- So wandern die Aminosäuren auf dem Trägermaterial, die leichteren schneller als die schweren. Nach einer Weile hat sich das Gemisch getrennt.

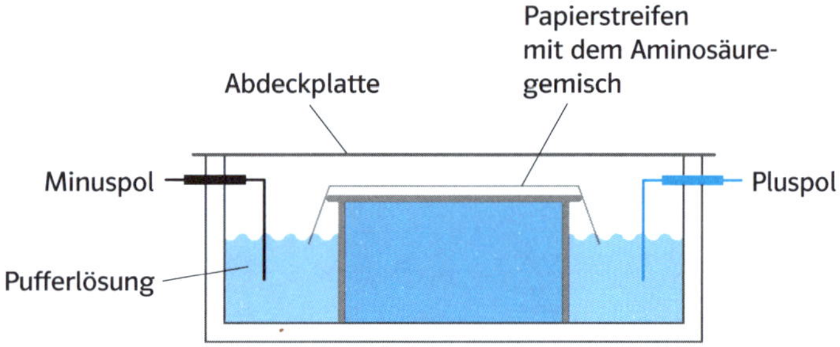

Peptidbindung

- Die funktionellen Gruppen der Aminosäuren können miteinander reagieren. Unter Abspaltung von Wasser bilden sie eine Peptidbindung.

- Die Peptidbindung weist eine spezielle räumliche Struktur auf und besitzt **mesomeren Charakter**.
- Das freie Elektronenpaar am Stickstoffatom ist zum Carbonyl-C-Atom verschoben und dort die Doppelbindung zum Sauerstoffatom.
- Die Peptidbindung ist deshalb **planar**, das heißt, dass die Atome C=O, N—H und die jeweils benachbarten C-Atome in einer Ebene liegen. Die benachbarten C-Atome liegen dann bei einem Peptid in der Ebene der Peptidbindung.

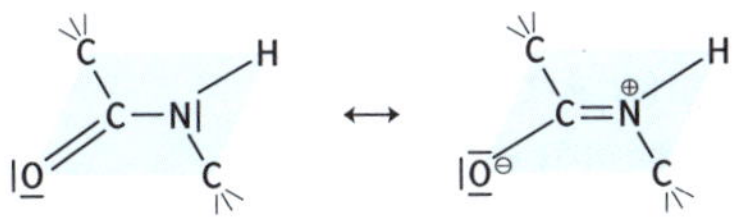

- Die Winkel in der Peptidbindung betragen 120°.
- Die Bindung zwischen dem Stickstoffatom und dem Carbonyl-C-Atom ist wegen des partiellen Doppelbindungscharakters kürzer als andere C—N-Bindungen.

Primärstruktur und Sekundärstruktur

- Man kann sehr viele Aminosäuren miteinander verknüpfen. Es gibt Dipeptide, Tripeptide etc., **Oligopeptide** mit bis zu 10 Aminosäuren, **Polypeptide** mit bis zu 100 Aminosäuren und die Proteine, die aus bis zu 1000 Aminosäuren zusammengesetzt sind.

- Die Verknüpfung findet bei der **Proteinbiosynthese** an den Ribosomen der Zellen statt. In der DNA ist codiert, in welcher Reihenfolge welche Aminosäuren miteinander verknüpft werden. Dies nennt man die Primärstruktur eines Proteins.

- Bereits durch diese **Reihenfolge** in der Primärstruktur liegen weitere höhere Strukturen des Proteins fest.

- Eine Aminosäurekette windet sich zunächst zur Sekundärstruktur. Dabei treten die H-Atome der Aminogruppe mit den freien Elektronenpaaren am Sauerstoff zu **Wasserstoffbrückenbindungen** zusammen. Dadurch faltet sich das Protein je nach den Möglichkeiten, die die Reste bieten, zu einer α-Helix (einer Art Wendeltreppe) oder zu einem β-Faltblatt.

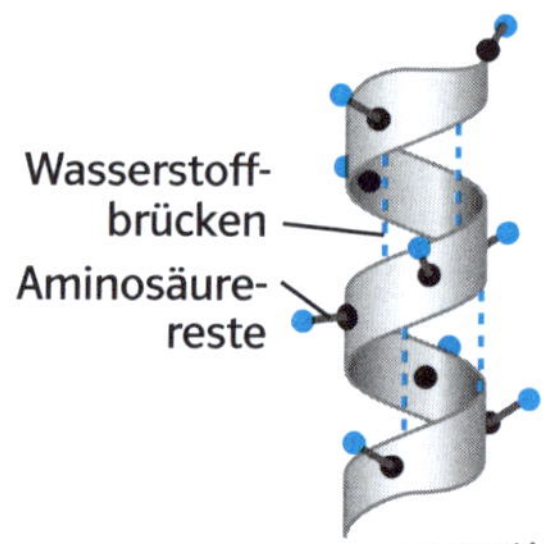

α-Helix

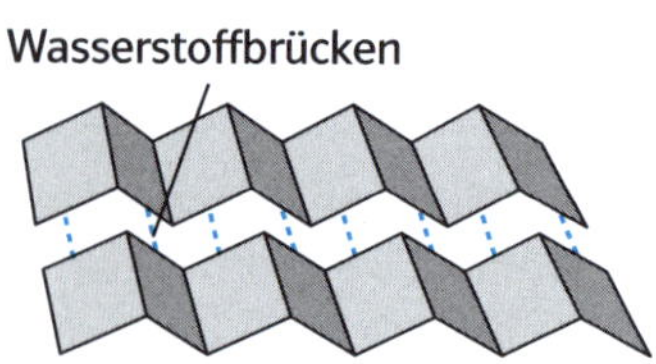

β-Faltblatt

Tertiärstruktur und Quartärstruktur

- Die bereits in Sekundärstruktur gewundene Kette faltet sich erneut im Raum, so dass Reste der Aminosäuren in **Wechselwirkung** treten können.

- Es bilden sich Van-der-Waals-Kräfte zwischen unpolaren Resten, Dipol-Dipol-Wechselwirkungen und Wasserstoffbrückenbindungen zwischen polaren Resten, ionische Wechselwirkungen zwischen geladenen Resten und sogar kovalente Bindungen durch Reaktion zweier Cysteinreste zur Disulfidbrücke aus.

- Diese räumliche Struktur bezeichnet man als **Tertiärstruktur** eines Proteins.

- In manchen Proteinen treten noch mehrere Teilketten zum funktionsfähigen Protein zusammen, dann spricht man von der **Quartärstruktur**.

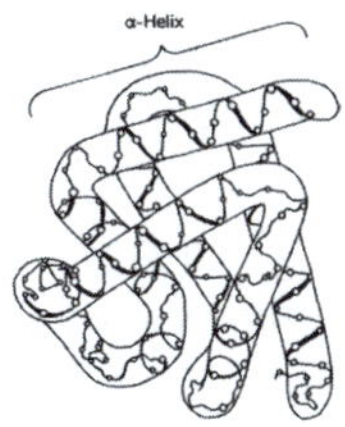

Myoglobinmolekül als Beispiel für eine Tertiärstruktur

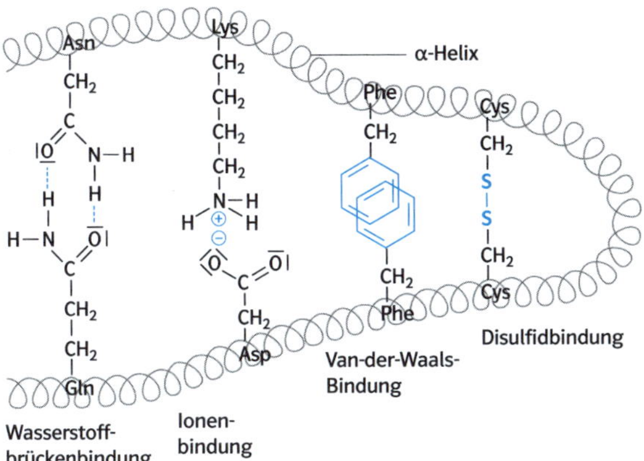

Elemente der Tertiärstruktur von Proteinen

Denaturierung von Proteinen

- Als Denaturierung bezeichnet man die Veränderung der räumlichen Struktur eines Proteins. Sie ist oft irreversibel. Die Primärstruktur bleibt dabei aber erhalten.

- **Hitze** führt zur Denaturierung durch die starke Bewegung des Moleküls, wodurch sich Wasserstoffbrücken lösen und neue Wechselwirkungen zwischen Molekülteilen zustande kommen, sodass sich die räumlichen Verhältnisse ändern.

- Ändert sich der **pH-Wert**, so werden Seitenketten protoniert oder deprotoniert, so dass sich die Ladungsverhältnisse ändern und ionische Wechselwirkungen sich lösen oder an anderen Stellen bilden.

- Durch Zugabe von Ethanol oder Salzen verändert sich die **Hydrathülle** eines Proteins und es werden die Wasserstoffbrücken gestört, sodass sich die räumliche Struktur ändert.

- **Schwermetallionen** bilden sogenannte Komplexe mit den Resten der Aminosäuren sowie mit den Stickstoffatomen der Peptidbindungen und verändern so die räumliche Struktur.

Nachweisreaktionen für Aminosäuren und Proteine

- Aminosäuren lassen sich mit **Ninhydrin** nachweisen. Sie färben sich nach dem Erwärmen mit diesem Reagenz violett.

- Ninhydrin verwendet man auch, um Aminosäuren nach einer Elektrophorese auf dem Trägermaterial sichtbar zu machen.

- Proteine kann man mit der **Xanthoproteinreaktion** nachweisen. Man versetzt die Substanz mit konzentrierter Salpetersäure. Handelt es sich um ein Protein, werden die aromatischen Reste, die es enthält, nitriert. Dies führt zu einer Gelbfärbung (griech. *xanthos* = gelb).

- Bei der **Biuretprobe** für Proteine versetzt man den zu prüfenden Stoff mit Kupfersulfat und Natronlauge und schüttelt. Es bildet sich ein violetter Komplex aus den Peptidbindungen und den Kupfer-II-Ionen.

Aufbau und Wirkung

- Enzyme sind **Biokatalysatoren**, die die chemischen Reaktionen in Lebewesen beschleunigen.
- Enzyme sind **Proteine**. Manche Enzyme haben noch einen Nicht-Protein-Anteil, z. B. Metallionen, eingebaut.
- Enzyme funktionieren nach dem „Schlüssel-Schloss-Prinzip“. Stoffe, die umgesetzt werden sollen, die **Substrate**, werden am aktiven Zentrum des Enzyms gebunden und bilden einen **Enzym-Substrat-Komplex**, weil das jeweilige Substrat in das aktive Zentrum passt, das durch die Tertiärstruktur des Proteinenzyms gebildet wird.
- Nach der Umsetzung werden die Produkte losgelöst und das Enzym ist wieder frei. Es wird deshalb für die Katalyse eines Vorgangs immer nur sehr wenig Enzym benötigt.
- Deshalb sind Enzyme **substratspezifisch**, sie können also nur ein ganz bestimmtes Substrat binden, denn es muss ja zur Tertiärstruktur passen.
- Außerdem sind Enzyme **wirkungsspezifisch**. Das heißt, dass sie nur eine chemische Reaktion bewirken können, also entweder Spalten oder Oxidieren oder Phosphoryllieren etc.
- Manche Enzyme benötigen neben dem Substrat einen **Cofaktor** für die Reaktion, z. B. das $NADH/H^+$, das Elektronen liefert.

Substratkonzentration

- Ein Enzym setzt umso mehr Substrat pro Zeit um, je höher dessen Konzentration ist. Aber es gibt eine **Maximalgeschwindigkeit** v_{max}.
- Um Enzyme zu vergleichen, kann man die Beziehung zwischen Substratkonzentration und Reaktionsgeschwindigkeit in ein Diagramm einzeichnen.
- Da die Substratkonzentration, bei der das Enzym maximal schnell arbeitet, schwer zu bestimmen ist, wählt man als Vergleichswert die Substratkonzentration, bei der die **halbmaximale** Geschwindigkeit erreicht ist. Man nennt diesen Wert **Michaelis-Konstante** K_M.

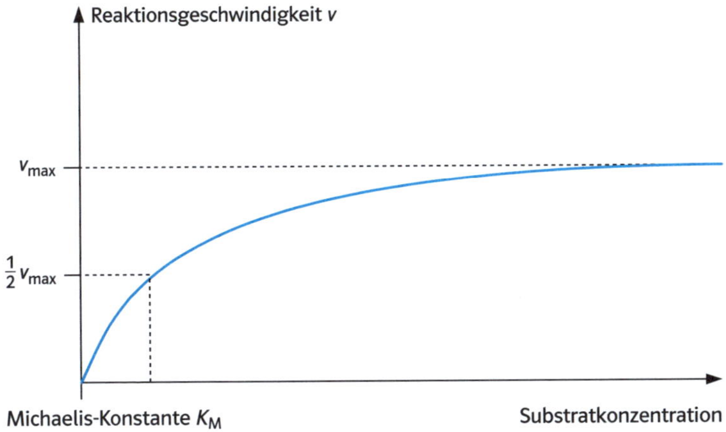

pH-Wert und Temperatur

- Der pH-Wert beeinflusst die Wirkung von Enzymen, weil er den **Ladungszustand** der basischen und sauren Aminosäurereste im Protein bestimmt und dadurch auch die **Tertiärstruktur**. Oberhalb und unterhalb eines bestimmten pH-Wertes ist ein Enzym funktionslos, evtl. sogar irreversibel denaturiert.

- Einen großen Einfluss auf die Enzymaktivität hat auch die **Temperatur**. Bei höheren Temperaturen bewegen sich Moleküle schneller, so dass die Wahrscheinlichkeit des Zusammentreffens zwischen Enzym und Substrat steigt. Hier gilt die **RGT-Regel** (Reaktions-Geschwindigkeit-Temperatur-Regel): Die Erhöhung der Reaktionstemperatur um 10 °C verdoppelt bis verdreifacht die Reaktionsgeschwindigkeit.

- Dem steht aber die **Denaturierung** des Enzyms gegenüber, die für Proteine charakteristisch ist.

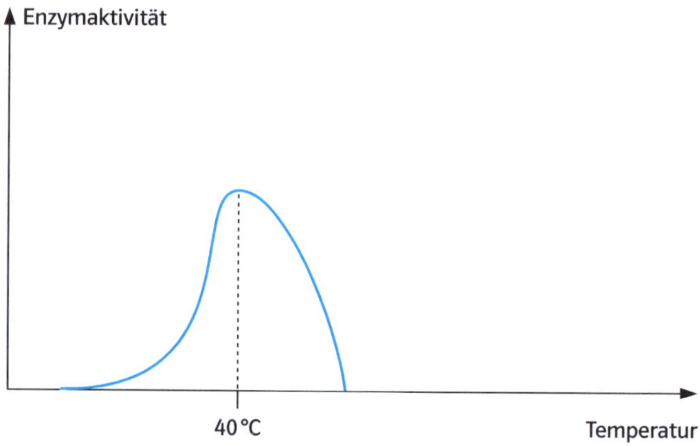

Kompetitive Hemmung

- Enzyme können durch äußere Einflüsse in ihrer Aktivität gehemmt werden.
- Bei der kompetitiven Hemmung besetzt ein dem Substrat ähnlicher Stoff das **aktive Zentrum**, wird aber nicht umgesetzt.
- Da die Bindung reversibel ist und Substrat und Hemmstoff um das aktive Zentrum konkurrieren, kann durch Erhöhung der Substratkonzentration die maximale Reaktionsgeschwindigkeit erreicht werden. Der **Hemmstoff** hat praktisch keine Chance, an das Enzym zu binden.
- Die Michaelis-Konstante des gehemmten Enzyms ist dann allerdings höher.

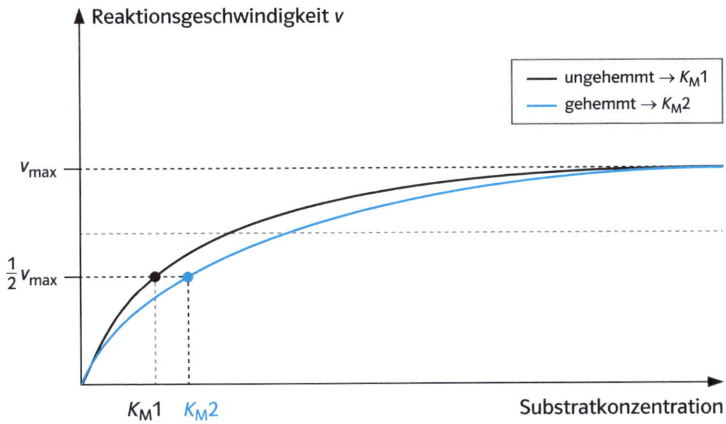

Allosterische Hemmung

- Bei der allosterischen oder nicht-kompetitiven Hemmung bindet der Hemmstoff nicht an das aktive Zentrum, sondern an eine andere Stelle im Enzym (an das **allosterische Zentrum**) und verändert dadurch die **Tertiärstruktur** des Enzyms am aktiven Zentrum. Das Substrat kann nicht mehr gebunden werden.
- Eine Erhöhung der Substratkonzentration beschleunigt zwar die Reaktion mit den ungehemmten Enzymen, hat aber keinen Einfluss auf die gehemmten Enzyme.
- Die Maximalgeschwindigkeit wird nicht erreicht, aber K_M ist genauso groß wie bei der ungehemmten Reaktion.
- Die Hemmung kann nur aufgehoben werden, wenn der Hemmstoff entfernt oder abgebaut wird.

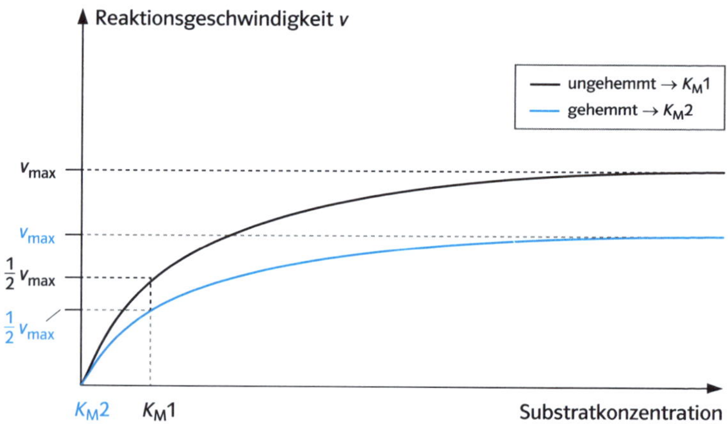

Licht und Farbe

- Das sichtbare Licht ordnet sich in das Spektrum elektromagnetischer Wellen ein, und umfasst den Bereich der **Wellenlängen** zwischen etwa 400 und 800 nm.

- Die verschiedenen Wellenlängen rufen im menschlichen Gehirn verschiedene **Farbeindrücke** hervor. Das energiereichste, kurzwelligste sichtbare Licht erscheint violett, es folgen Blau, Türkis, Grün, Gelb, Orange und Rot.

- Weißes Licht kann aus dem gesamten Spektrum des **sichtbaren Lichts** bestehen, aber auch durch das gemeinsame Auftreffen von Licht zweier bestimmter Wellenlängen, deren Farben wir **Komplementärfarben** nennen, wird der Eindruck „weiß" erzeugt.

- Trifft weißes Licht auf einen Gegenstand, so wird es entweder reflektiert, also zurückgestrahlt, oder absorbiert, also aufgenommen bzw. bei durchsichtigen Stoffen durchgelassen.

- Bei der **Absorption** wird die Lichtenergie von Elektronen der Teilchen im Gegenstand aufgenommen, die dabei auf ein höheres Energieniveau gehoben werden. Sie geben die Energie meist in Form von Wärme wieder ab.

- Die meisten Stoffe können nur einen bestimmten Teil des weißen Spektrums absorbieren und reflektieren die anderen Wellenlängen. Da nun ein bestimmter Teil des Spektrums im reflektierten Teil des Lichts fehlt, ruft es beim Menschen einen Farbeindruck hervor. Es wird jeweils die Komplementärfarbe des absorbierten Lichts wahrgenommen.

Molekülstruktur und Farbigkeit

- Damit ein Molekül Licht aus dem sichtbaren Bereich absorbieren kann, benötigt es leicht anregbare **Elektronen**. Dies sind fast immer delokalisierte Elektronen. Dabei muss eine Mindestgröße des mesomeren Systems erreicht werden, damit das energiereichste Licht (violettes Licht) diese Elektronen anregt.

- Im Zentrum eines organischen Farbstoffes befindet sich die chromophore Gruppe bzw. das **Chromophor**, ein mesomeres System mit delokalisierten Elektronen, z. B. der Benzolring. Weitere Beispiele sind zwei Aromaten, die mit einer Azogruppe verbunden sind oder lange Ketten mit konjugierten Doppelbindungen.

- Das Chromophor ist meist verbunden mit einer **auxochromen Gruppe**, die Elektronen zum Chromophor hin verschiebt (Substituent mit + M-Effekt), z. B. die Aminogruppe mit dem freien Elektronenpaar am Stickstoff oder die Hydroxylgruppe.

- Hilfreich ist außerdem zusätzlich eine **antiauxochrome Gruppe**, die Elektronen vom mesomeren System aufnimmt (Substituent mit − M-Effekt), z. B. die Nitrogruppe, die Carbonylgruppe oder die Carboxylgruppe.

- Die beiden Gruppen verursachen gemeinsam den **bathochromen Effekt**. Das bedeutet, dass sie die Energie des benötigten anregenden Lichtes senken und so die Farbe „vertiefen". In diesem Beispiel also von farblos über gelb bis zu orange.

Azofarbstoffe

- Azofarbstoffe besitzen als Chromophor die **Azogruppe** $-N=N-$, die zwei Aromaten miteinander verbindet. Auxochrome und antiauxochrome Gruppen erweitern die Variationen.
- Diese Farbstoffe lassen sich nach einem bestimmten Reaktionsschema synthetisieren.
- Zunächst stellt man aus einem Aromaten mit einer Aminogruppe (und möglichst einer antiauxochromen Gruppe als Substituent) ein **Diazoniumsalz** her.

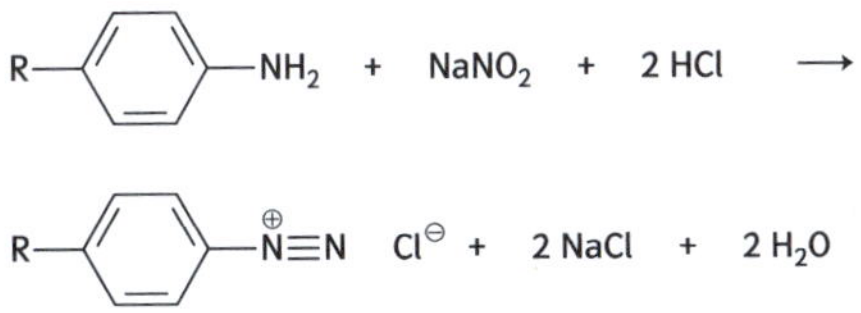

- Dies muss man bei tiefen Temperaturen unter 5 °C durchführen, damit das entstandene Diazoniumsalz nicht sofort Stickstoff abspaltet.
- Das Diazoniumsalz wird mit der **Kupplungskomponente** versetzt, einem weiteren Aromaten, der eine auxochrome Gruppe tragen muss. Denn diese verstärkt die Elektronendichte am Ring, die die elektrophile Substitution eines H-Atoms durch das Diazoniumsalz erleichtert.

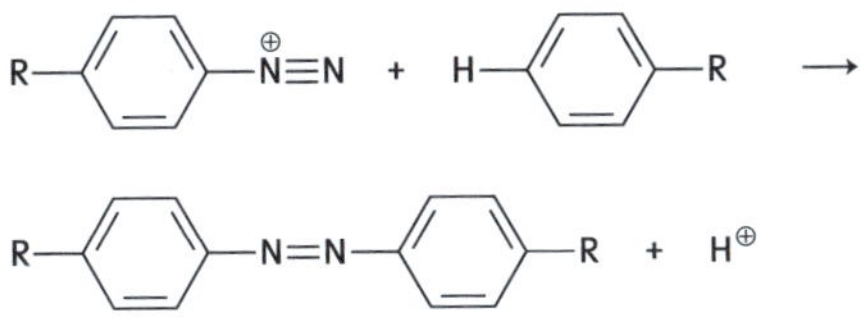

Weitere Farbstoffklassen

- Carotinoide: In Pflanzen findet man v. a. in Blättern die **Farbstoffklasse** der Carotinoide. Ihr mesomeres Elektronensystem besteht aus einer langen Kette von konjugierten Doppelbindungen. Carotinoide sind meist gelb bis orange gefärbt, absorbieren also im violetten bis blauen Bereich.

- **Chlorophyll** und **Häm**: Im grünen Blattfarbstoff Chlorophyll, der in mehreren Varianten vorkommt, befindet sich das mesomere System in mehreren miteinander verbundenen Fünfringen. In der Mitte dieser sogenannten „Porphyrinstruktur" befindet sich ein Magnesium-Ion. Ähnlich aufgebaut ist der rote Blutfarbstoff Häm aus dem Hämoglobin, es besitzt ein Eisen-Ion in der Mitte.

- **Triphenylmethanfarbstoffe**: In der Gruppe der Triphenylmethanfarbstoffe sind drei Benzolringe über ein C-Atom so verbunden, dass die delokalisierten Elektronen über das ganze Molekül verteilt sind. Einer der ersten synthetischen Farbstoffe ist das Fuchsin (eine magentafarbene Substanz).

- **Antrachinonfarbstoffe**: Sehr gute Farbstoffe für Textilfasern findet man unter den Antrachinonfarbstoffen. Ihr Grundgerüst, das Antrachinon, ist selbst nur schwach gelb gefärbt. Durch das Anhängen von auxochromen Gruppen erhält man jedoch intensive Farbstoffe, z. B. das rote Alizarin, welches auch natürlich in der Wurzel des Färberkrapps vorkommt.

- **Indigofarbstoffe**: Das blaue Indigo, das heute den meisten Jeans seine Farbe verleiht, findet man im Färberwaid und in der indischen Indigopflanze. Seine Grundstruktur besteht aus einem punktsymmetrischen Molekül aus Fünfringen mit C=O- und NH-Gruppen, an denen zwei Benzolringe hängen. Die Mesomerie ist ausgeprägt und wird durch Benzolringe verstärkt. Varianten des Indigo sind der sehr alte Farbstoff Purpur oder das rote Thioindigo.

Textilfärbung

- Ein Textilfarbstoff muss möglichst waschecht sein, sollte lichtbeständig sein und sich nicht verfärben, wenn er mit Schweiß oder Alltagschemikalien in Berührung kommt. Außerdem muss es eine Möglichkeit geben, den Farbstoff auf die Faser aufzubringen.

- **Direktfarbstoffe** ziehen direkt aus der „Färbeflotte", also der Lösung mit dem Farbstoff, auf die Faser auf und lagern sich an die Fasermoleküle an. Sie werden z. B. durch Wasserstoffbrückenbindungen an den Hydroxylgruppen der Cellulose gebunden oder durch ionische Kräfte an Seitenketten der Proteinmoleküle von Wolle oder Seide.

- **Entwicklungsfarbstoffe** werden erst auf der Faser entwickelt. Dazu taucht man den Stoff in eine Vorstufe des Farbstoffs und gibt dann das entsprechende Reagenz zu, das den eigentlichen Farbstoff entstehen lässt.

- Ein Spezialfall der Entwicklungsfärbung ist das **Küpenfärben**, das z. B. mit dem Jeans-Farbstoff Indigo durchgeführt wird. Da der Farbstoff wasserunlöslich ist, reduziert man ihn mit einem Reduktionsmittel. Dabei entsteht die „Küpe", die im Fall des Indigos den wasserlöslichen Leukoindigo enthält. In dieses Bad taucht man die Faser, so dass sich die Farbstoffvorstufe fein in den Hohlräumen verteilt. Anschließend oxidiert man den Stoff an der Luft, so dass sich wieder der blaue Farbstoff entwickelt.

- An **Reaktivfarbstoffe** wird ein „Anker" angehängt, der mit der Faser reagieren kann und so eine sehr haltbare kovalente Bindung zwischen Faser und Farbstoff ausbildet. Solche Farbstoffe sind besonders waschecht.

Polymere

- Im 19. Jahrhundert entwickelte Charles Goodyear aus Naturkautschuk den **Gummi** durch Erhitzen mit Schwefel (Vulkanisation).

- Ein weiterer künstlicher Werkstoff wurde aus der Baumwolle gewonnen, indem man sie durch Nitrierung in Schießbaumwolle überführte und dann mit Campherlösung mischte. Dies ergab das **Celluloid**, das man heute noch als Material von Tischtennisbällen finden kann.

- Ein anderer viel verwendeter Kunststoff war das **Bakelit**, das aus Phenol und Methanal gewonnen wird und sich gut als Material für Elektrostecker oder als Gehäuse für Elektrogeräte eignete.

- Hermann Staudinger fand heraus, dass die bereits bekannten Kunststoffe aus sehr langen **Kettenmolekülen** (Polymeren) bestehen, in denen sich kleine Struktureinheiten (Monomere) häufig wiederholen.

- Auch viele natürliche Werkstoffe wie Proteine (in Woll- oder Seidenfasern oder Horn von Tieren) oder Kohlenhydrate (wie die Cellulose) sind Polymere aus sich wiederholenden kleinen Baueinheiten.

- Kunststoffe oder Polymere können durch drei unterschiedliche Reaktionen hergestellt werden: durch radikalische Polymerisation, Polykondensation und Polyaddition.

Radikalische Polymerisation

- Für diesen Reaktionstyp benötigt man ein Monomer mit einer **Doppelbindung**, z. B. Ethen.
- Die Reaktion wird gestartet, in dem man Startradikale erzeugt, die die Doppelbindung angreifen und dadurch eine **Kettenreaktion** in Gang setzen, die so lange weiterläuft, bis zwei Radikale aufeinander treffen.
- Jeder Kunststoff, der aus einer langen Kette von Kohlenstoffatomen besteht, die regelmäßig wiederkehrende Seitenketten besitzt, kann durch diese Reaktion hergestellt werden.

Erzeugung von Startradikalen:

R—R ⟶ R• + R•   Beispiel: R: C_6H_5—COO•
Dibenzoyl-
peroxid-
Radikal

1. Kettenstart (Erzeugung von Monomer-Radikalen):

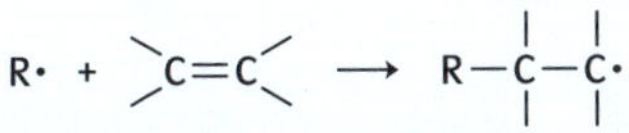

2. Kettenwachstum (Verlängerung der „Radikalkette"):

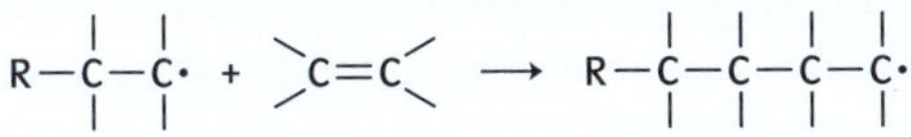

3. Kettenabbruch (Vernichtung von Radikalen):

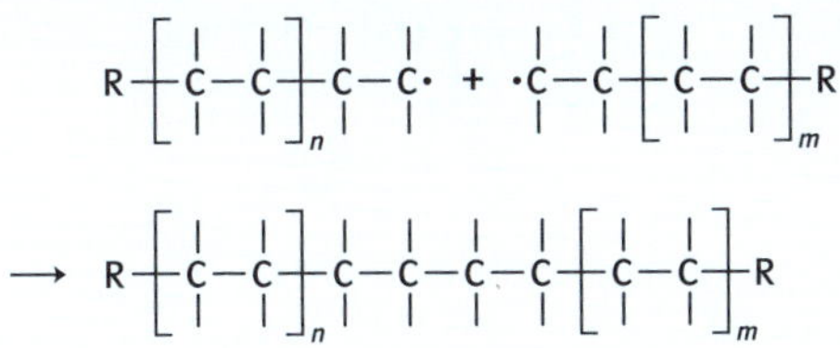

Polykondensation und Polyester

- Die Bildung von Polyestern erfolgt durch **Polykondensation**, bei der die Monomere miteinander unter Abspaltung eines kleinen Teilchens verbunden werden.

- Um ein Polymer zu bilden, muss an beiden Enden eines Teilchens eine funktionelle Gruppe sitzen, die für eine Kondensation geeignet ist. Entweder werden zwei unterschiedliche Edukte verwendet, die jeweils zwei gleiche funktionelle Gruppen tragen, oder man verwendet nur ein Edukt mit zwei unterschiedlichen funktionellen Gruppen (bifunktionelle Verbindungen).

- Ein **Polyester** aus zwei verschiedenen Edukten ist das Polyeth(yl)entherephthalat (PET). Es wird aus Ethandiol und 1,4-Benzoldicarbonsäure gebildet und ist vor allem das Material für Getränkeflaschen.

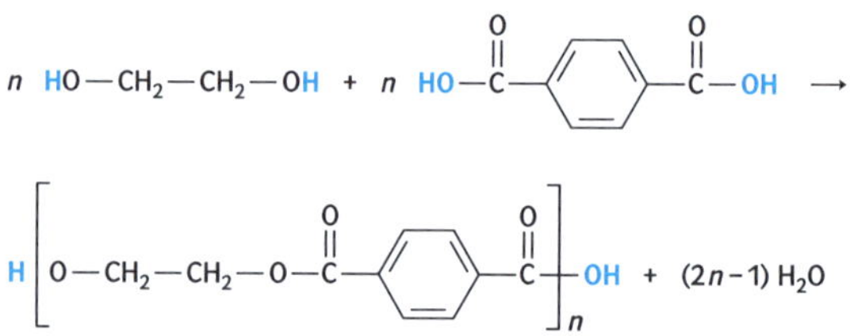

- Ein Beispiel für einen Polyester aus einem Edukt mit zwei unterschiedlichen funktionellen Gruppen ist die Polymilchsäure. Milchsäure ist die 2-Hydroxypropansäure.

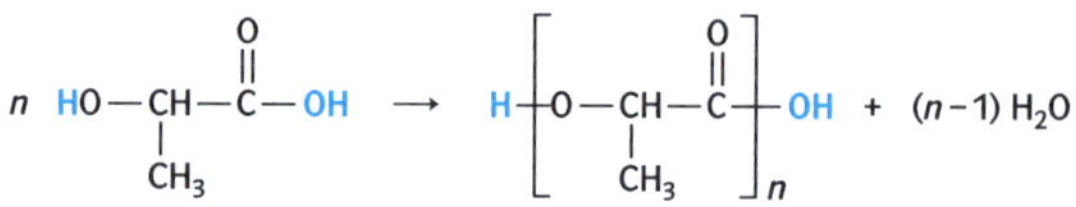

Polyamide

- Polyamide werden ebenfalls durch Polykondensationsreaktionen synthetisiert.

- Die **Amidbindung** ist die gleiche Bindung wie die Peptidbindung zwischen den Aminosäuren. Sie wird aus einer Carboxylgruppe und einer Aminogruppe unter Abspaltung von Wasser gebildet.

- Die Nylonfaser wird durch Reaktion einer Dicarbonsäure mit einem Diamin hergestellt. Die Länge der Säuren und Amine kann variieren. Für Nylon-6,6 verwendet man Hexandisäure und 1,6-Hexandiamin.

$$n\ HO-\overset{O}{\overset{\|}{C}}-CH_2-CH_2-CH_2-CH_2-\overset{O}{\overset{\|}{C}}-OH$$

$$+\ n\ H-\underset{H}{\underset{|}{N}}-CH_2-CH_2-CH_2-CH_2-CH_2-CH_2-\underset{H}{\underset{|}{N}}-H \longrightarrow$$

$$HO-\left[\overset{O}{\overset{\|}{C}}-CH_2-CH_2-CH_2-CH_2-\overset{O}{\overset{\|}{C}}-\underset{H}{\underset{|}{N}}-CH_2-CH_2-CH_2-CH_2-CH_2-CH_2-\underset{H}{\underset{|}{N}}\right]_n-H\ +\ (2n-1)\ H_2O$$

- Das Polyamid Perlon wird aus einem Edukt hergestellt, das auf der einen Seite eine Carbonsäuregruppe und auf der anderen eine Aminogruppe trägt. Es wird durch Hydrolyse von ε-Caprolactam, einem zyklischen Amid, gewonnen.

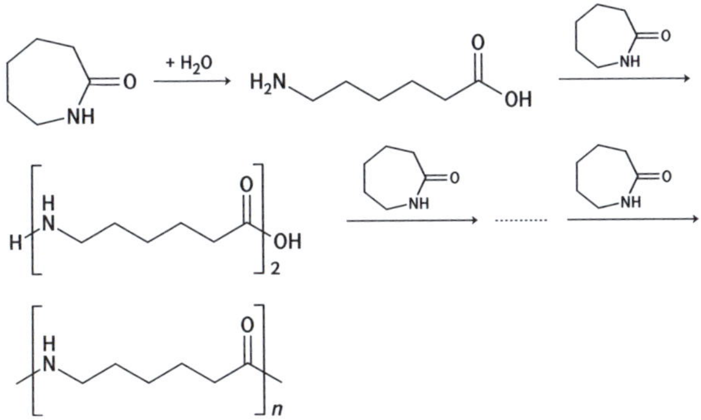

Polyaddition – Polyurethane

- Eine weitere Möglichkeit, Kunststoffe zu synthetisieren, bietet sich durch die Polyaddition. Durch diese Synthese werden die **Polyurethane** hergestellt, die vor allem als Schaumstoffe verwendet werden.

- Edukte sind zum einen Alkohole (fast immer Diole), zum anderen Diisocyanate oder Polyisocyanate.

- Die funktionelle Gruppe der Isocyanate ist die $-N{=}C{=}O$-Gruppe. Bei der Reaktion addiert sich die $-OH$-Gruppe an die $-N{=}C{=}O$-Gruppe, indem das H-Atom sich an den Stickstoff bindet und das Sauerstoffatom an die $-C{=}O$-Gruppe.

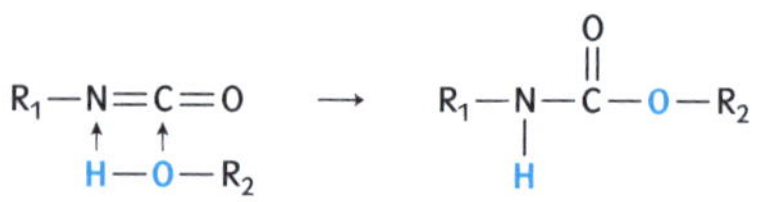

- Verwendet man ein Diol und ein Diisocyanat, kann man die Polyreaktion wie folgt formulieren:

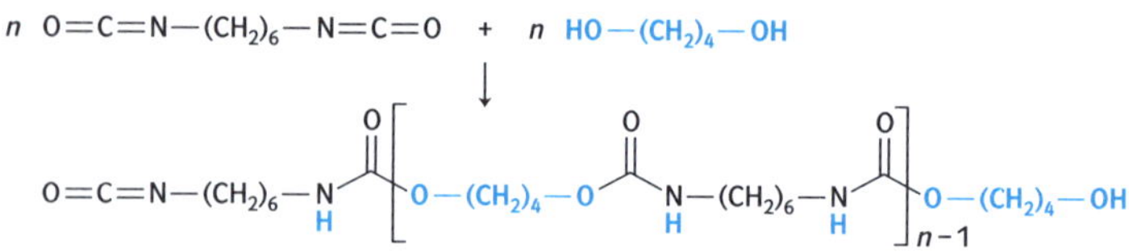

Verhalten von Kunststoffen beim Erwärmen

- Wenn es möglich ist, die Wechselwirkungen oder Kräfte zwischen den Kettenmolekülen durch Zufuhr von Wärme zu überwinden, ohne dass sich der Stoff zersetzt, dann erweicht der Kunststoff und lässt sich verformen. Solche Kunststoffe heißen **Thermoplaste**.
- Je stärker die Wechselwirkungen, desto höher auch der Schmelzbereich des Kunststoffes.
- Wenn ein Kunststoff vernetzt ist, also ein einziges Makromolekül darstellt, kann er nicht durch Erwärmen verformt werden. Er zersetzt sich bei höheren Temperaturen. Diese Kunststoffe nennt man **Duroplaste**.
- Die Vernetzung erreicht man, indem man statt eines bifunktionellen Edukts ein tri- oder polyfunktionelles Edukt einsetzt, sodass aus der Kette Seitenäste wachsen können, die wiederum mit anderen Ketten die Querverbindung herstellen.
- Zwischen beiden Arten stehen die **Elastomere**. Sie sind zwar nicht schmelzbar, aber elastisch verformbar, da sie nur weitmaschig vernetzt sind, so dass man die Ketten in gewissem Maß gegeneinander verschieben kann.

Fasern, Thermoplaste
lineare oder wenig verzweigte Moleküle

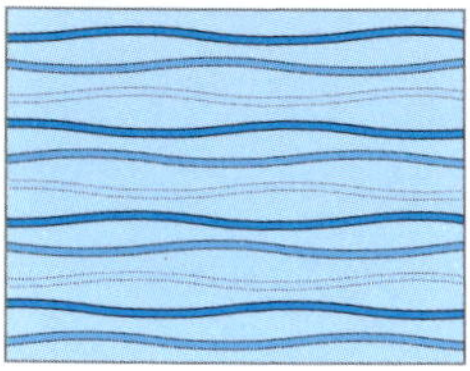

Elastomere
weitmaschig, zweidimensional vernetzte Moleküle

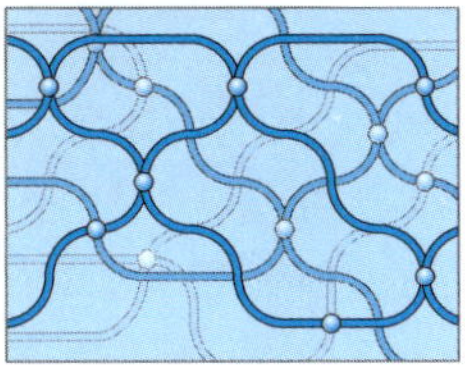

Duroplaste
dreidimensional vernetzte Moleküle

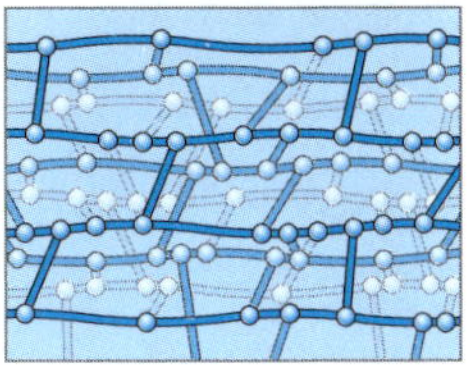